U0431867

汽车动力系和行驶系维修实景教程

主　编　黄立新　樊荣建
副主编　汪　琦　李　洪　张阵委　刘安洁
编　者（按姓氏拼音排序）

朱建柳（上海南湖职业技术学院）
沈春燕（上海食品科技学校）
李丕毅（上海交通职业技术学院）
李　洪（上海中侨职业技术大学）
张　玲（上海永达汽车集团有限公司）
曾　淼（清远市职业技术学校）

復旦大學出版社

前　言

党的二十大提出，为全面建设社会主义现代化国家而努力奋斗。随着人们生活水平的提高，截至2022年，我国汽车保有量已经突破3.19亿辆，而且每年还以很快的速度在不断地增长。随着汽车保有量的增加，汽车的维护保养任务也在日益增加，汽车服务行业需要更多的专业人才。为了汽车服务专业人才的培养，特组织编写了本书。本书旨在传授汽车专业技术知识的同时，还要培养学生不怕苦、不怕脏的劳动精神，和勇于探索的创新精神。

全书按照“项目引领、任务驱动”的体系编写，主要包括五个项目。项目一学习汽车的一级维护和二级维护的项目及方法；项目二学习汽车动力系统的维修，主要内容是汽车发动机和动力传动系统的维修项目及维修方法；项目三学习汽车动力系统的典型故障案例维修；项目四学习汽车底盘系统的维修项目及维修方法；项目五学习汽车底盘部分典型维修故障案例。由于新能源汽车保有量逐年增加，因此本教材也介绍新能源汽车的部分维修项目。

由于编者水平有限，书中错误在所难免，恳请读者批评指正。

编　者

2023年12月

目　　录

项目一

汽 车 维 护

项目情景

汽车维护是指定期对汽车相关部分检查、清洁、补给、润滑、调整或更换某些零件的预防性工作。目的是保持车容整洁、技术状况正常、消除隐患、预防故障发生、减缓劣化过程、延长使用周期。

汽车维护是按照汽车技术状况随行驶里程变化的规律，规定不同级别的作业项目内容。按交通运输部规定，中国现行的汽车维护制度分为日常维护、一级维护、二级维护等。此外，还有季节性维护和走合期维护。

日常维护是出车前、行车中、收车后的作业，由驾驶员负责执行，作业中心内容是清洁、补给和安全检视，是保持车辆正常工作状况的经常性必需的工作。

一级维护是由专业维修企业负责执行，作业中心内容除日常维护作业外，以清洁、润滑、紧固为主，并检查有关制动、操纵等安全部件。

二级维护是由专业维修企业负责执行，作业中心内容除一级维护作业外，以检查、调整为主，并拆检轮胎，轮胎换位。二级维护前应进行检测诊断和技术评定，根据结果，确定附加作业或小修项目，结合二级维护一并进行。各级维护的周期，依汽车类型和运行条件而定。

任务一　汽车一级维护

技能与学习要求

1. 能根据国家标准《汽车维护、检测、诊断技术规范》(GB/T 18344－2016)、车辆使用手册要求，规范使用常用工具、专用工具及量具和设备；

2. 能根据国家标准《汽车维护、检测、诊断技术规范》(GB/T 18344－2016)、车辆使用手册要求，规范实施汽车一级维护作业；

3. 培养不怕苦、不怕累的劳动精神，工作精益求精的工匠精神。

任务描述

能根据国家标准《汽车维护、检测、诊断技术规范》(GB/T 18344－2016)，结合雪佛兰科鲁兹 SGM7184ATB 型轿车维护作业标准，规范完成以下任务：

1. 发动机舱的作业准备；
2. 灯光喇叭的检查；
3. 刮水器及玻璃洗涤器的检查；
4. 驻车制动器的检查；
5. 行车制动器的检查；
6. 转向盘的检查；
7. 车门及门控灯的检查；
8. 机油的排放；
9. 转向器的检查；
10. 制动管路的检查；
11. 机油滤清器的更换；
12. 车轮的拆卸；
13. 轮胎的检查；
14. 制动摩擦块的检查；
15. 机油的加注；
16. 传动带的检查；
17. 蓄电池的检查；
18. 空气滤清器的检查；
19. 空调的检查；
20. 变速器油液位的检查；
21. 复检。

内容与操作步骤

1. 发动机舱的作业准备工作

(1) 开左前车门，戴上方向盘套、变速杆手柄套和座位套，如图 1－1 所示。

(2) 打开左侧前车门，拉动发动机机盖手柄，打开机盖保险钩，掀起发动机机盖，用撑杆固定机盖，再把左右两侧翼子板护垫贴在翼子板上，如图 1－2 所示。

2. 检查发动机舱

(1) 检查机油和油液、拆卸机油加注口盖。

(2) 冷却液：确认散热器储液罐内有冷却液，且在规定的刻度线之间，如图 1－3 所示。

(3) 机油：用油尺检查机油液位，如图 1－4 所示。

(4) 检查制动主缸的储液箱，是否有制动液，如图 1－5 所示。

(5) 检查玻璃洗涤液的液位，如图 1－6 所示。

图 1-1 安装三件套

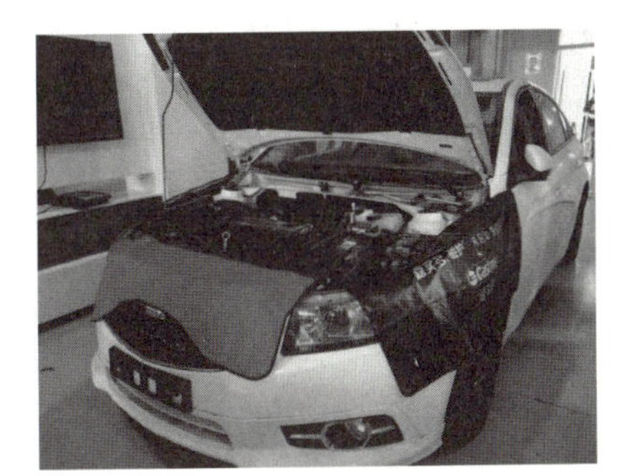

图 1-2 安放翼子板护垫

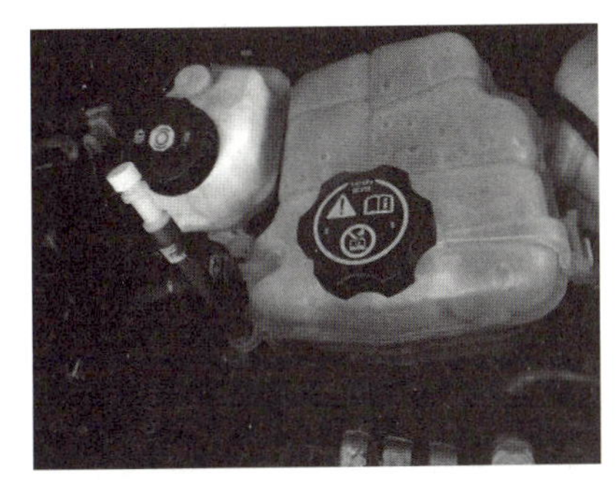

图 1-3 冷却液检查

图 1-4 检查机油液位

图 1-5 制动液检查

图 1-6 洗涤液检查

3. 检查照明系统

(1) 将点火开关旋至 ON 位置后，检查车灯是否正常发光和闪烁，如图 1-7 所示。

图 1-7 灯光开关

（2）旋转灯光控制开关后，检查示宽灯、牌照灯、尾灯、仪表板灯是否亮起。

（3）旋转灯光控制开关后，检查前照灯（近光灯）是否发光。然后，将变光器开关推开，检查前照灯（远光灯）是否发光。

（4）当把变光器开关向前拉，或上下移动信号转换开关时，检查前照灯闪光器和指示灯、左右信号灯和指示灯是否亮起或闪烁。

（5）当每一个开关工作时，检查危险警告灯、停车灯、倒车灯、顶灯是否正常亮起或闪烁。

（6）检查转向灯开关的复位情况。

（7）将点火开关转到ON位置，检查发动机故障灯、发电机指示灯、油压警告灯等是否点亮。

4. 检查风窗玻璃洗涤器

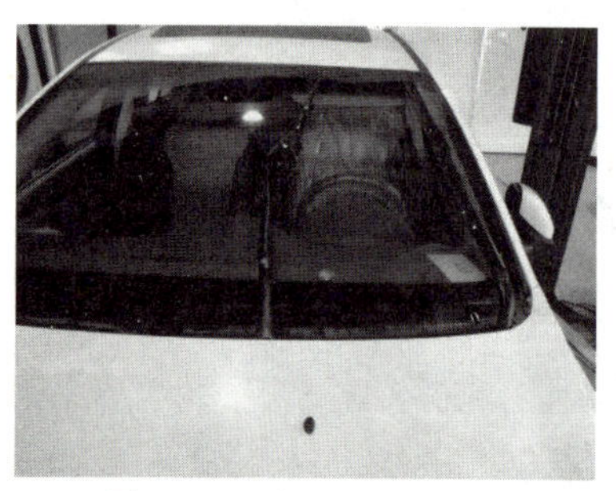

图1-8　玻璃洗涤剂检查

（1）起动发动机。

（2）检查风窗玻璃洗涤器喷洒压力是否足够，检查刮水器是否协同工作，如图1-8所示。

（3）检查喷洒区是否集中在刮水器工作范围内，如不在工作范围内应调整。

5. 风窗玻璃刮水器的检查

（1）打开刮水器开关，检查每一只刮水器是否正常工作，每一挡位是否工作正常，如图1-9所示。

（2）关闭刮水器开关，检查刮水器能否自动停止在其停止位置。

（3）检查喷洒洗涤液，观察刮水器刮水效果。

图1-9　雨刮开关

6. 检查喇叭

（1）转向盘转动一周，同时按喇叭垫，检查喇叭是否发声，如图1-10所示。

（2）检查音量和音调是否稳定。

7. 检查驻车制动器

（1）检查驻车制动器操纵杆行程在预定的槽数内，如果不符合标准，调整驻车制动器操纵杆的行程，如图1-11所示。

（2）将点火开关置于ON位置，确保当驻车制动器操纵杆拉到第一个槽口前，指示灯就已经发光。

图 1－10　喇叭检查

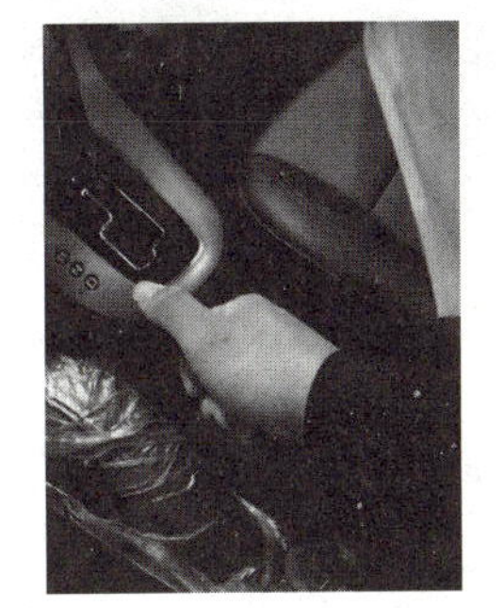

图 1－11　驻车制动器检查

8. 制动踏板的检查

(1) 检查制动踏板，观察是否有故障，例如反应灵敏度低、踏板不完全落下、异常噪声、过度松动。

(2) 使用直尺测量制动踏板高度，如果超出规定范围，调整踏板高度，如图 1－12 所示。

(3) 发动机停止后，踩下制动踏板几次，以便解除制动助力器。然后，用手指轻轻按压制动踏板，并且使用直尺测量制动踏板自由行程。

(4) 发动机运转和驻车制动器操纵杆松开时，用力踩下制动踏板。然后，使用标尺测量踏板行程余量。

(5) 踩下制动踏板并起动发动机，检查制动助力器是否正常工作。

9. 转向盘的检查

(1) 起动，车辆笔直向前，轻轻移动转向盘。在车轮就要开始移动时，使用直尺测量转向盘的移动量。

(2) 两手握住转向盘，轴向、垂直或者向两侧移动转向盘，确保其没有松动或者摆动，如图 1－13 所示。

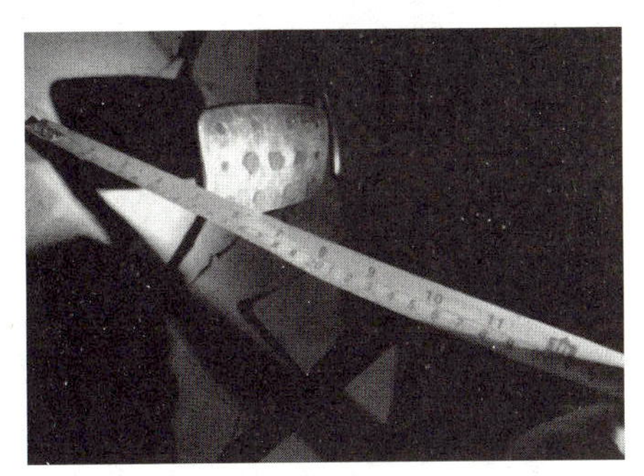

图 1－12　制动踏板高度检查

图 1－13　转向盘检查

10. 检查门控灯开关

通过检查，确保打开一扇车门时顶灯变亮，而所有车门关闭时顶灯熄灭。如果汽车配备了照明进入系统，顶灯在所有车门关闭的几秒钟以后才会熄灭，如图 1－14 所示。

11. 轮胎检查

(1) 检查轮胎胎面和胎侧是否有裂纹、割痕或其他损坏，如图 1－15 所示。

(2) 检查轮胎胎面和胎侧是否嵌入金属颗粒、石子或其他异物，如图 1－16 所示。

图 1-14　顶灯

图 1-15　检查裂纹或损坏

(3) 检查胎面沟槽深度,如图 1-17 所示。

(4) 用轮胎气压表检查轮胎气压,如图 1-18 所示。

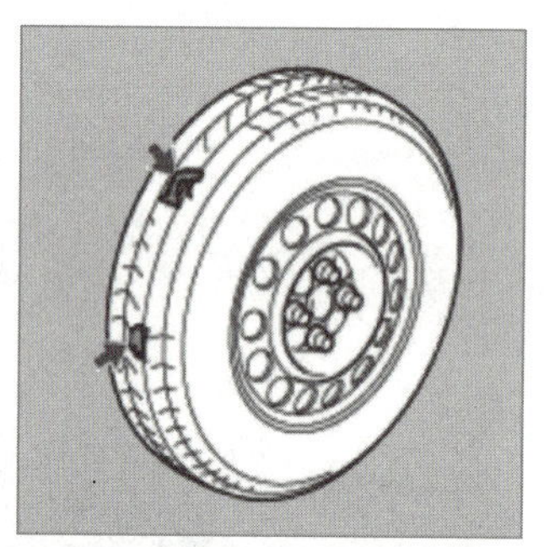

图 1-16　检查嵌入金属颗粒或其他异物

图 1-17　检查胎面沟槽

(5) 检查气压后,在气门芯周围涂肥皂水,检查是否漏气,如图 1-19 所示。

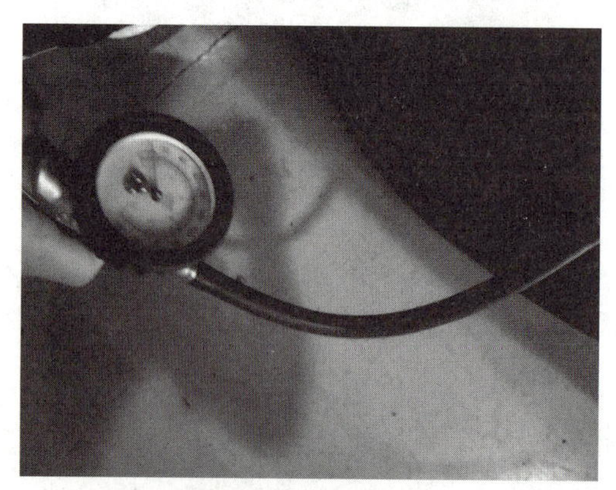

图 1-18　检查胎压

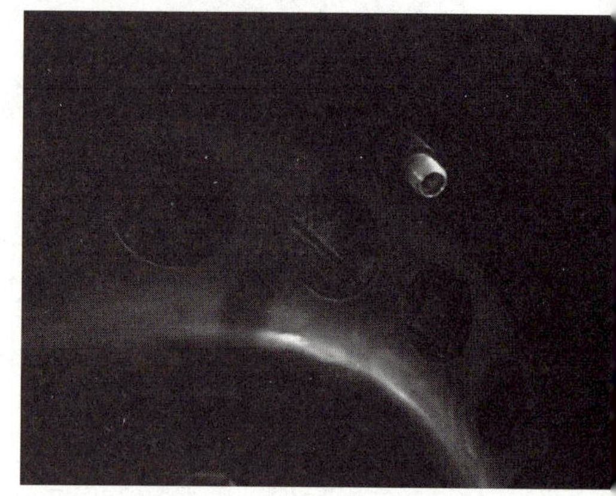

图 1-19　检查轮胎是否漏气

12. 排放机油

(1) 旋开发动机加机油盖，并放置在加注口上，合上发动机机盖。

(2) 举升车辆，离地即可。依次检查举升机4个举升摆臂脚和车辆底部举升位置是否到位，在车前上下按动车辆数次，车辆应安全固定在摇臂支撑脚上。确认无误后，举升车辆至适当高度，锁好举升机的保险，如图1-20所示。

注意 当举升车辆时，无关人员不得靠近；车辆应安全固定在摇臂支撑脚上，举升车辆至适当高度，锁好举升机的保险，方可操作。

图1-20 车辆举升

(3) 把机油收集装置推至车下油底壳处，拆去油底壳下的放油螺塞，将废机油排放到机油收集装置内，如图1-21所示。

(4) 更换新的排放塞垫片，按规定扭短装复放油螺塞，如图1-22所示。

提示 小心不要烫伤；防止机油溅出回收器。

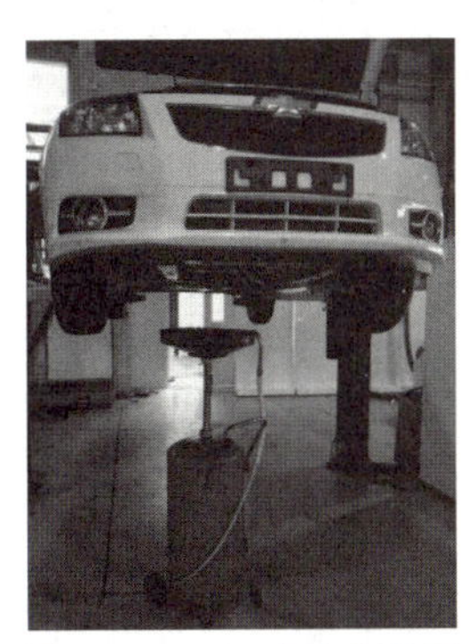

图1-21 机油收集装置

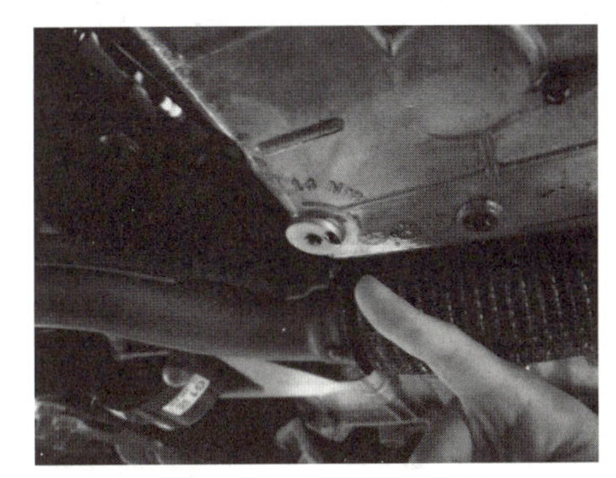

图1-22 安装放油螺塞

13. 更换机油及机油滤清器

(1) 用机油滤清器夹拆下旧的机油滤清器。

(2) 在新的机油滤清器安装密封面上涂抹新的机油，并装复机油滤清器。先用手旋紧，再用夹箍夹持至规定扭矩，再清洁机油滤清器和油底壳放油螺塞周围的油渍，清理地面，推出机油收集装置，如图1-23所示。

(3) 选择合适的机油。按照黏度和质量标准选择机油。如上海地区夏季的别克凯越，必须使用API标号SJ级或SJ级以上的机油。黏度为SAE 5W-40，机油加注量为3.8L。

(4) 加注机油。如图1-24所示，下降车辆至地面，再次打开发动机舱盖，按规定数量加注机油。

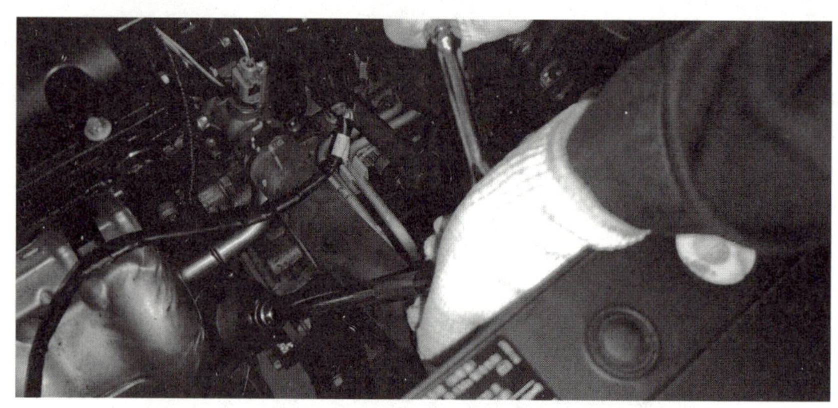

图 1－23　更换机油滤清器

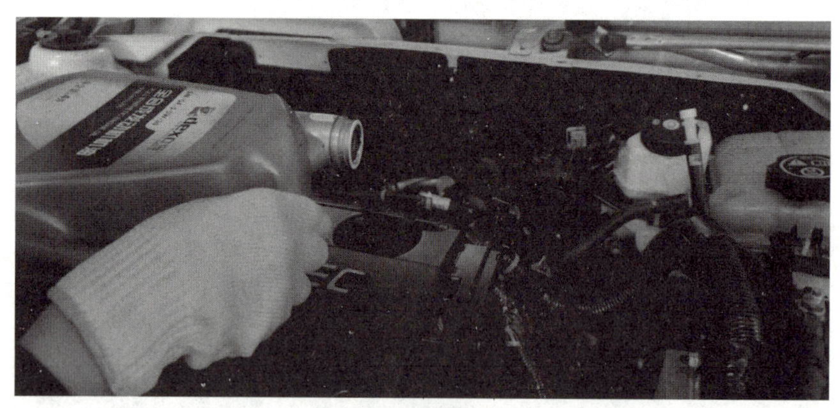

图 1－24　加注机油

（5）加好后，旋紧发动机机油盖。稍等片刻，拔出机油尺，检查机油油位是否在规定范围，如图 1－25 所示。

（6）起动发动机，检查是否有泄漏。

（7）将工具和三件套复位。

14. 检查转向系统

转动轮胎以使转向盘向左和向右转，检查齿条护套是否有裂纹或者破损，如图 1－26 所示。

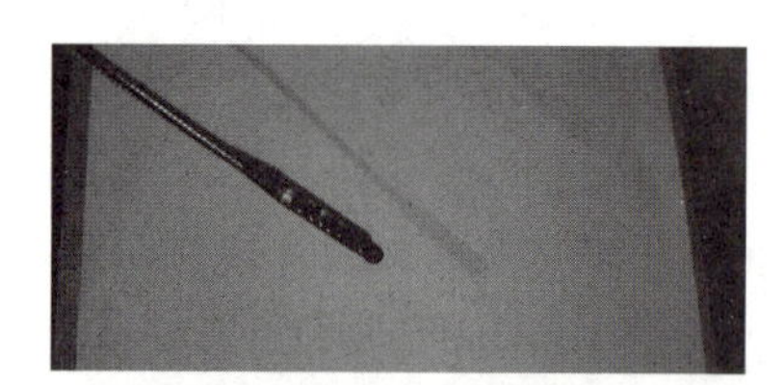

图 1－25　检查机油液位

图 1－26　转向器的检查

15. 检查制动管路

(1) 检查制动管路连接部分是否有液体渗漏。

(2) 检查制动管路是否有凹痕或者其他损坏。

(3) 检查制动管路软管是否扭曲、磨损、开裂、隆起等。

(4) 检查制动管道和软管,确保车辆运动时,或者转向盘完全转动到任何一侧时,管路不会因为振动而与车轮或者车身接触,如图 1-27 所示。

16. 检查盘式制动器

(1) 使用游标卡尺测量外制动器摩擦块的厚度,如图 1-28 所示。

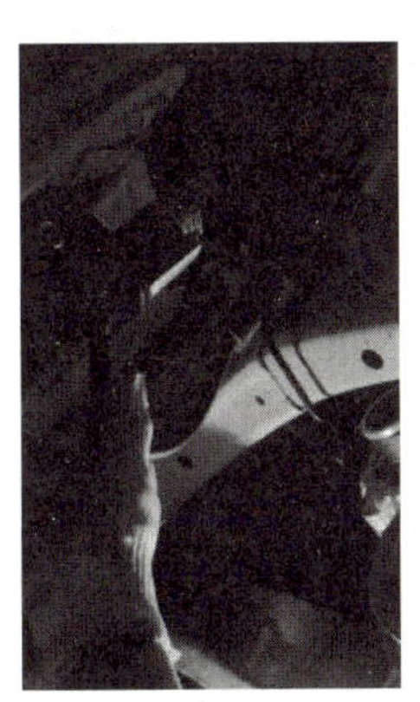

图 1-27 制动管路检查

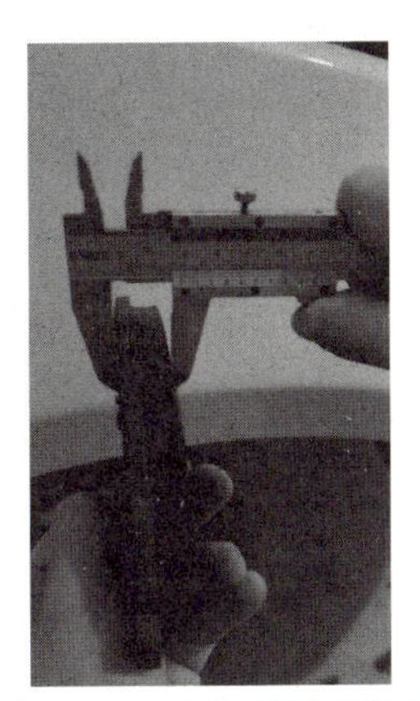

图 1-28 摩擦块厚度检查

(2) 通过制动钳内的检查孔,目测检查内制动器摩擦块的厚度,确保其与外制动器摩擦块没有明显的偏差。确保制动摩擦块没有不均匀磨损。

17. 制动拖滞的检查

(1) 操作驻车制动器操纵杆几次,并且踩下制动踏板几次。

(2) 手动转动制动盘或者制动鼓,检查是否有拖滞现象。

18. 在顶起位置时的检查

拉紧驻车制动器操纵杆,用车轮挡块挡住车轮,如图 1-29 所示。

图 1-29 安装车轮挡块

19. 检查传动带

(1) 用手指按压传动带,检查其松紧程度。

(2) 检查传动带外围是否有磨损、裂纹或其他损坏。

(3) 确保传动带已正确安装在带轮槽内,如图 1－30 所示。

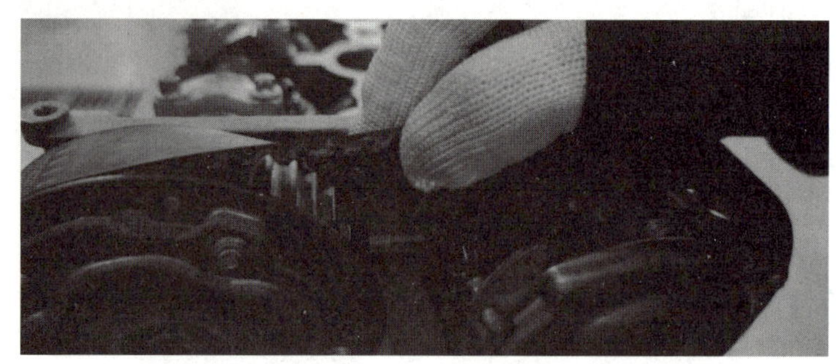

图 1－30　传动带的检查

20. 检查蓄电池

(1) 检查蓄电池各个单元的液位是否处于上线和下线之间。

(2) 检查蓄电池盖是否有裂纹或者渗漏。

(3) 检查蓄电池端子是否腐蚀。

(4) 检查蓄电池端子导线是否松动。

(5) 检查蓄电池的通风孔塞是否损坏或者通风孔是否阻塞,如图 1－31 所示。

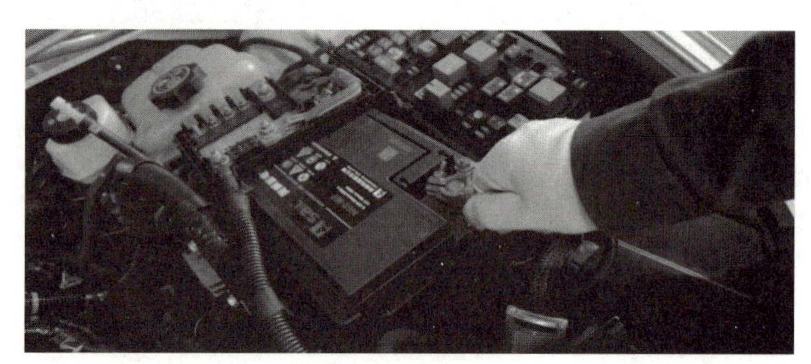

图 1－31　蓄电池检查

21. 检查制动主缸

检查制动主缸是否有渗漏。

22. 再检查制动管路

(1) 检查制动管路是否有制动液渗漏。

(2) 检查制动软管和管道是否有裂纹和老化。

(3) 检查制动软管和管道的安装是否正确。

23. 空气滤清器检查维护

(1) 拆卸空气滤清器,如图 1－32 所示。

(2) 检查空气滤清器。

定期清洗或更换空气滤清器。视情况使用压缩空气从空气滤清器背面吹入,吹出所有灰尘,如图 1－33 所示。

(3) 用压缩空气清洁空气滤清器箱体内部。

（4）安装空气滤清器。

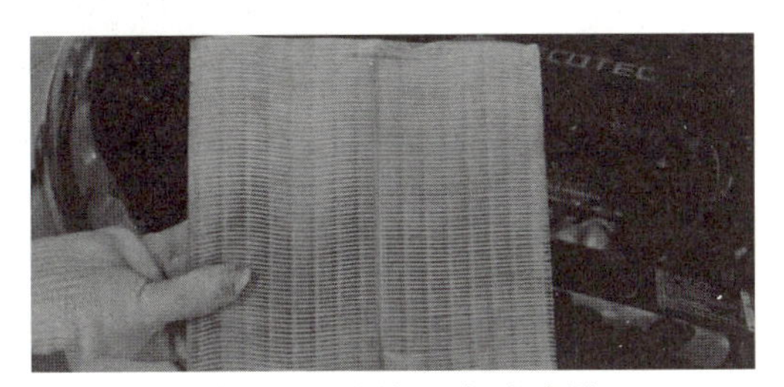

图1-32 拆卸空气滤清器

图1-33 用压缩空气清洁空气滤清器

24. 检查轮毂螺母

检查轮毂螺母是否有松动，如有按照交叉顺序拧紧4个轮毂螺母。最后，使用扭力扳手将螺母拧紧至规定的力矩，如图1-34所示。

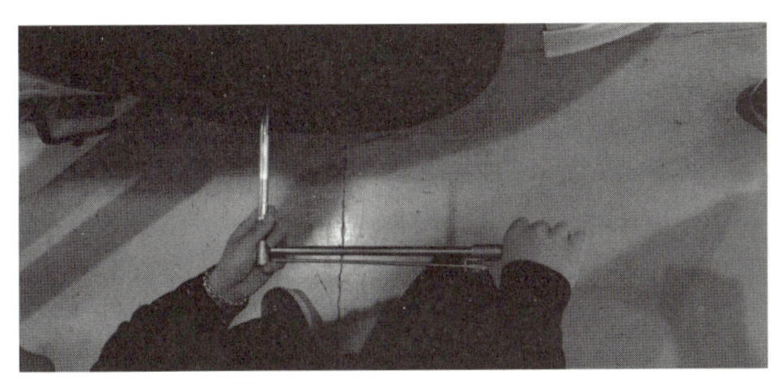

图1-34 拧紧轮毂螺母

25. 检查发动机冷却系统

（1）检查冷却液是否从散热器、橡胶软管、散热器盖和软管夹周围渗漏。

（2）检查冷却系统的橡胶软管是否有裂纹、隆起或者硬化。

（3）检查软管连接和管箍的安装是否松动。

（4）检查冷却液的液位是否在规定的范围内。如液位偏低，应添加至刻线之间，如图1-35所示。

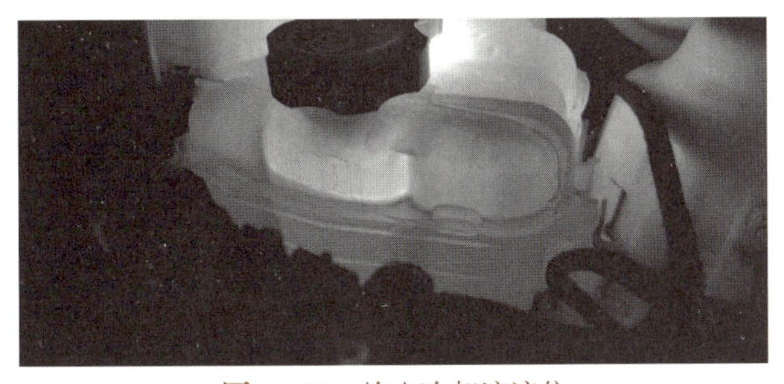

图1-35 检查冷却液液位

26. 检查自动变速器液位

（1）发动机怠速。

（2）从P位到L位的顺序转换换挡杆，然后再从L位到P位拉回。

（3）当自动变速器油温升至75℃时，检查自动变速器液位尺是否在“热”范围内。

27. 检查空调

（1）发动机转速为1 500 r/min，鼓风机速度控制开关处于“高”位，A/C开关处于ON位置，温度控制为“最凉”，打开所有车门。通过观察窗观察制冷剂的流量，并检查制冷剂的量。

（2）将点火开关关闭后，使用气体泄漏测试仪检查制冷剂是否渗漏。

28. 检查整理

（1）检查机油、制动液等油液是否有泄漏。

（2）拆卸翼子板布和前罩。

（3）调整收音机、时钟和座椅位置。

（4）清洁车辆。

（5）道路测试后，拆卸座椅套、脚垫和转向盘套。

29. 记录与分析

定期维护作业记录表见表1-1。

表1-1　汽车一级维护作业项目评分表

基本信息	姓名		学号		班级		组别	
	规定时间		完成时间		考核日期		总评成绩	
任务工单	序号	步骤			完成情况		标准分	评分
					完成	未完成		
	1	考核准备：车辆 工具、量具及维修资料					4	
	2	预检					6	
	3	灯光喇叭的检查					4	
	4	刮水器及玻璃洗涤器的检查					4	
	5	驻车制动器的检查					4	
	6	行车制动器的检查					4	
	7	转向盘的检查					4	
	8	车门及门控灯的检查					4	
	9	机油的排放					2	
	10	转向器的检查					4	
	11	制动管路的检查					4	
	12	机油滤清器的更换					4	
	13	车轮的拆卸					4	
	14	轮胎的检查					4	
	15	制动摩擦块的检查					4	
	16	机油的加注					2	

（续表）

	序号	步骤	完成情况		标准分	评分
			完成	未完成		
	17	传动带的检查			2	
	18	蓄电池的检查			4	
	19	制动管路的再检查			2	
	20	空气滤清器的检查			2	
	21	空调的检查			4	
	22	变速器油液位的检查			4	
	23	复检			4	
安全					4	
5S					4	
沟通表达					4	
工单填写					4	

相关知识

1. 机油的特性

(1) 作用　发动机机油主要用于减少运动部件表面间的摩擦，同时对机器设备有冷却、密封、防腐、防锈、清洗杂质等作用。

(2) 成分　发动机机油一般由基础油和添加剂两部分组成。基础油是发动机机油的主要成分，决定着发动机机油的基本性质；添加剂则可弥补和改善基础油性能方面的不足，赋予某些新的性能，是发动机油的重要组成部分。

(3) 分类　发动机机油通常有矿物质油、合成油、植物性机油 3 类；目前，国际上许多国家采用 SAE 黏度分类法和 API 质量分类法。

① SAE 黏度分类法：SAE 是美国汽车工程师学会的简称，它规定了机油的黏度等级。该分类将机油分为冬季用油和春秋与夏季用油，黏度从小到大有 0 W、5 W、10 W、15 W、20 W、25 W、20、30、40、50、60 共 11 个黏度等级。

W 是英文 Winter 的缩写。带 W 的机油适合于冬天的低温气候下使用。其牌号是根据最大低温黏度、最低泵送温度以及 100℃的运动黏度范围划分的，号数越低，表示其所适用的环境温度也越低。

不带 W 的为春秋与夏季用油，牌号仅根据 100℃的运动黏度划分，号数越大，表明高温时的黏度越大，适用的最高气温越高。

冬夏通用油牌号为：5 W/20、5 W/30、5 W/40、5 W/50、10w/20、10 W/30、10 W/40、10 W/50、15 W/20、15 W/30、15 W/40、15 W/50、20 W/20、20 W/30、20 W/40、20 W/50。代表冬用部分的数字越小，代表夏季部分的数字越大者，黏度越高，适用的气温范围越大。

② API 分类法：API 是美国石油学会的英文缩写。它采用简单的代码来描述发动机机

油的工作能力。API发动机油分为两类:S系列代表汽油发动机用油;C系列代表柴油发动机用油;S和C两个字母同时存在,则表示此机油为汽柴机通用型。如S在前,则主要用于汽油发动机。反之,则主要用于柴油发动机。

(4) 黏度　油膜是润滑油固有的特性,油的厚薄用黏度来表示。

黏度是流体的内部阻力,润滑油黏度即通常所说的油的厚薄程度。黏度大则说明油厚,黏度小则表示油薄。

因此,合适的黏度是使发动机保持正常运转的最重要因素。油太厚,则黏度大,机油无法快速流动,车子在启动时零部件会因暂时缺油而造成磨损。油太薄,则因润滑不足而加速机件的磨损。机油的黏度随着温度的上升而减小,温度下降后黏度增大。

(5) 选用原则　发动机由静止到启动这段时间,汽缸和活塞已经在相互摩擦。而这时,由于润滑油流动到各润滑点需要一定的时间,运动表面暂时缺油或供油不足,造成润滑不良,发动机出现短暂的干摩擦或半干摩擦,于是出现了磨损。经测试,启动瞬间造成的磨损占到发动机活塞环及轴瓦等处磨损的七成以上,这是发动机磨损的主要原因。

选择一个优质合适的润滑油,可以尽可能地降低磨损。选用机油要领主要有以下几点。

① 适当的黏度:适合的黏度是摩擦表面建立油膜的首要条件。黏度大,则流动性差,启动瞬间更易磨损;黏度低则润滑不足,发动机运转后,也会造成磨损。一般来讲,新发动机和新大修的发动机应使用黏度较低的机油。特别是刚大修的发动机在磨合期内一定不要使用黏度过高的机油,因为这时发动机各部分配合间隙很小,黏度高的机油流动性又不好,就会导致发动机散热及润滑不良,使润滑油老化加快,发动机磨损加剧。

② 环境温度:应根据所在地区的气温来决定机油的黏度。一般来说,冬季应选用复式黏度的机油以保证机油的低温流动性能。冬季,中国南方地区可选用SAE 20 W/50级黏度的机油,北方地区选用SAE 5 W/30或10 W/30级黏度的机油一般可以满足要求。夏季主要考虑机油的黏度保持性,因为夏季温度较高,黏度太低的机油不能保持足够的机油压力,发动机得不到充分润滑。夏季,中国大部分地区可选用SAE 15/40或SAE 40级黏度的机油,温度过高的地区可以选用SAE 20 W/50、SAE 50级黏度的机油。

2. 机油质量的检查

(1) 搓捻鉴别　取出油底壳中的少许机油,放在手指上搓捻。如有黏稠感觉,并有拉丝现象,说明机油未变质,仍可继续使用,否则应更换。

(2) 油尺鉴别　抽出机油标尺,对着光亮处观察刻度线是否清晰。当透过油尺上的机油看不清刻线时,则说明机油过脏,需立即更换。

(3) 倾倒鉴别　取油底壳中的少量机油注入一容器内,然后从容器中慢慢倒出。观察油流的光泽和黏度。若油流能保持细长且均匀,说明机油内没有胶质及杂质,还可使用一段时间,否则应更换。

(4) 油滴检查　在白纸上滴一滴油底壳中的机油,若油滴中心黑点很大,呈黑褐色且均匀无颗粒,周围黄色浸润很小,说明机油变质应更换。若油滴中心黑点小而且颜色较浅,周围的黄色浸润痕迹较大,表明机油还可以使用。

注意　以上检查均应在发动机停机后机油还未沉淀时进行,否则有可能得不到正确结论。因为机油沉淀后,浮在上面的往往是好的机油,这样检查的只是表面现象,而变质机油或杂质存留在油底壳的底部,故而可能造成误检。

任务二 汽车二级维护

技能与学习要求

1. 能根据车辆使用手册要求，规范使用常用工具、专用工具及量具和设备；
2. 能根据车辆使用手册要求，规范实施汽车二级维护作业；
3. 提升工作中发现问题、解决问题的能力，培养创新精神。

任务描述

能查阅车辆使用手册，规范完成：

1. 预检；
2. 灯光、喇叭的检查；
3. 刮水器及玻璃洗涤器的检查；
4. 驻车制动器与制动踏板的检查；
5. 转向盘的检查；
6. 车身螺母螺栓的检查；
7. 加油口盖的检查；
8. 悬架的检查；
9. 备胎的检查；
10. 球节间隙及防尘罩的检查；
11. 机油的排放；
12. 自动变速器油的检查；
13. 机油滤清器的更换；
14. 转向机构的检查；
15. 制动、燃油、排气管路的检查；
16. 车底螺母及螺栓的检查；
17. 车轮轴承的检查；
18. 车轮的拆装；
19. 制动液的更换；
20. 制动器的检查；
21. 发动机冷却液的更换；
22. 传动带的检查；
23. 火花塞的更换；
24. 蓄电池的检查；
25. 空气滤清器的更换；
26. 机油滤清器的更换及炭罐的检查；
27. 自动变速器油液位的检查；
28. 空调的检查。

内容与操作步骤

1. 车辆基本检查

(1) 灯光的检查；
(2) 风窗玻璃洗涤器的检查；
(3) 风窗玻璃刮水器的检查；
(4) 喇叭的检查；
(5) 驻车制动器的检查；
(6) 行车制动器的检查；
(7) 转向盘的检查；
(8) 门控灯开关的检查；
(9) 车身的螺母和螺栓的检查；
(10) 检查下述区域的螺栓和螺母是否松动：座椅安全带(在各门位置)、座椅(在各门位置)、门(在各门位置)、发动机罩(在前面)、行李舱门(在后面)。

2. 加油口盖的检查

(1) 通过检查确保加油口盖或者垫片都没有变形或者损坏。同时,检查真空阀是否锈蚀或者黏住;

(2) 检查确保加油口盖能够被正确上紧;

(3) 安装加油口盖。进一步上紧加油口盖,确保加油口盖发出“咔嗒”声,而且能够自由转动,如图 1-36 所示。

3. 悬架的检查

(1) 通过上下摇动车身确定减振器的缓冲力大小,并且检查车身停止摇动需要用多长时间;

(2) 目测检查车辆是否倾斜,如倾斜度过大应检查,如图 1-37 所示。

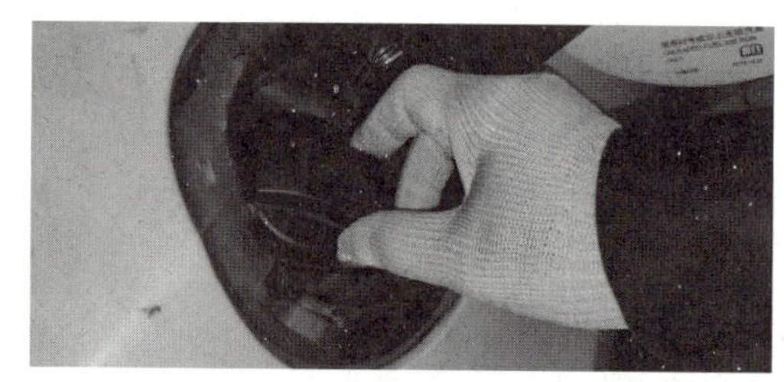

图 1-36 加油口盖检查

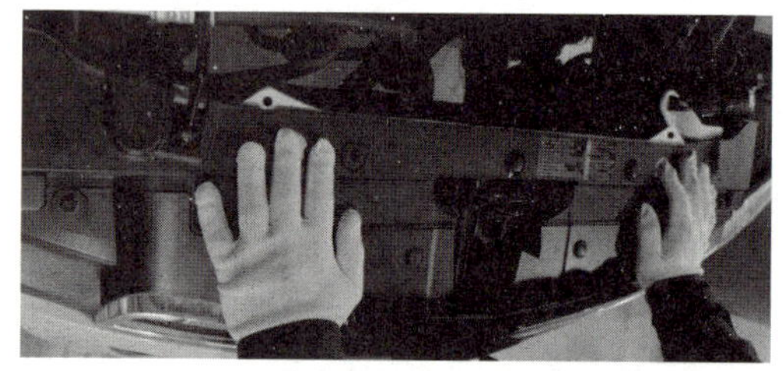

图 1-37 悬架的检查

4. 车灯的检查

5. 备胎的检查

6. 球节间隙的检查

(1) 使用制动踏板压力器保持制动踏板被踩下;

(2) 前轮垂直向前,举起车辆并且在一个前轮下放一个高度为 180～200 cm 的木块;

(3) 放低举升器直到前螺旋弹簧承载一半的负荷;

(4) 再次确认前轮笔直向前;

(5) 使用工具检查球节过余的上下滑动间隙,如图 1-38 所示。

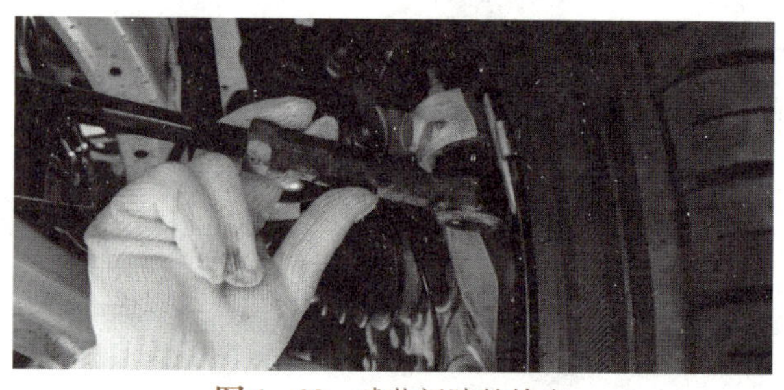

图 1-38 球节间隙的检查

7. 排放机油

8. 自动变速器油的检查

(1) 确保没有任何部分的油液渗漏;

（2）检查油冷却软管是否有裂纹、隆起或者损坏。

9. 转向连接机构的检查

（1）用手摇晃转向连接机构，检查是否松动；

（2）检查转向连接机构是否弯曲或者损坏；

（3）检查防尘罩是否有裂纹、破损。

10. 转向器的检查

11. 制动管路的检查

12. 燃油管路的检查

（1）检查燃油管路是否渗漏；

（2）检查燃油管路是否损坏，如图 1－39 所示。

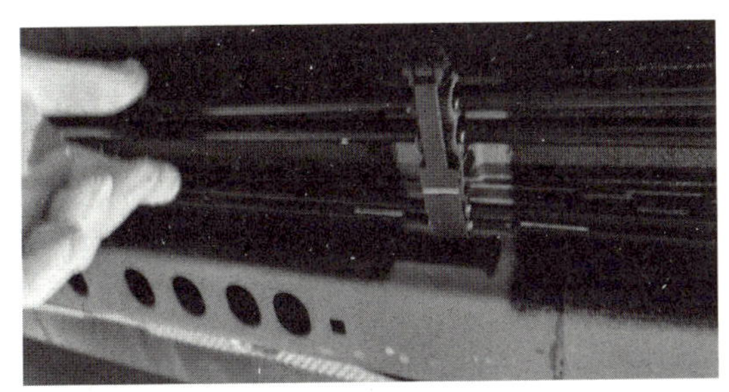

图 1－39 燃油管路的检查

13. 排气管路的检查

（1）检查排气管及消声器是否损坏，如图 1－40 所示；

（2）检查排气管支架上的 O 形密封圈是否损坏、脱落；

（3）检查垫片是否损坏；

（4）通过观察接头周围是否存在任何炭黑，检查排气管连接部分是否泄漏废气。

图 1－40 排气管路的检查

14. 车辆下面螺母和螺栓的检查

检查下列底盘连接的螺栓和螺母是否松动，如图 1－41 所示：下臂-横梁、球节-下臂、横梁-车身、下臂-横梁、中间梁-横梁、中间梁-车身、盘式制动器力矩板-转向节、球节-转向节、减振器-转向节、稳定杆连接杆-减振器、稳定杆-稳定杆连接杆、转向机外壳-横梁、稳定杆-车身、横拉杆端头锁止螺母、横拉杆端头-转向节、拖臂和桥梁-车身、拖臂和桥梁-后轮毂、制动轮缸-背板、稳定杆-拖臂和桥梁、减振器-拖臂和桥梁、减振器-车身、排气管、燃油箱。

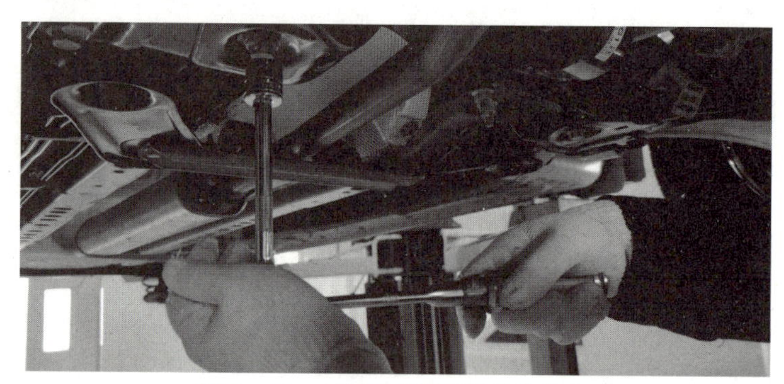

图1-41　车辆下部螺栓螺母的检查

15. 悬架的检查

(1) 检查各悬架组件是否损坏：转向节、减振器、螺旋弹簧、稳定杆、下臂、拖臂和桥梁；

(2) 检查减振器上是否有凹痕。另外，检查防尘罩上是否有裂纹、裂缝或者其他损坏；

(3) 检查减振器应该没有油泄漏；

(4) 用手摇晃悬架接头上的连接件，检查衬套是否磨损或者有裂纹，并且检查是否摆动。同时，检查连接件是否损坏，如图1-42所示。

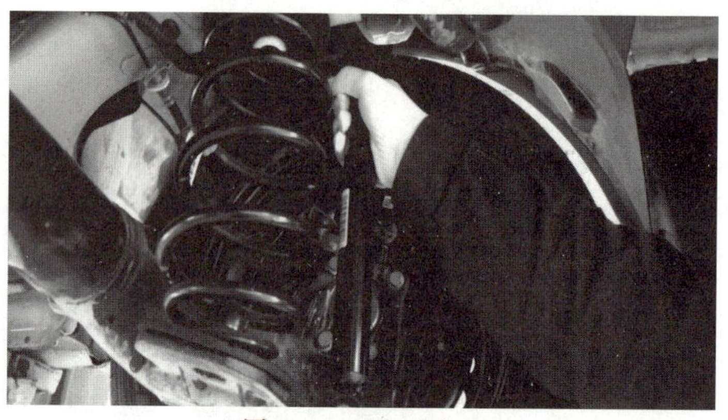

图1-42　悬架的检查

图1-43　车轮轴承的检查

16. 机油滤清器的更换

17. 机油排放塞的安装

18. 车轮轴承的检查

(1) 将一只手放在轮胎上面，另一只手放在轮胎下面，紧紧地推拉轮胎，检查是否有任何摆动；

(2) 用手转动轮胎，检查其是否能够无任何噪声地平稳转动，如图1-43所示。

19. 拆卸车轮

20. 轮胎的检查

21. 盘式制动器的检查

(1) 检查制动摩擦块的磨损情况；

(2) 检查制动盘上是否有刻痕、不均匀或者异常磨损及裂纹和其他损坏;

(3) 检查制动盘厚度及端面圆跳动量,如图 1-44(a)所示;

(4) 检查制动钳中是否有液体渗漏,如图 1-44(b)所示。

(a)

(b)

图 1-44 盘式制动器的检查

22. 制动拖滞的检查

23. 安装制动液排放工具

(1) 从制动主缸的储液罐中排放制动液;

(2) 安装制动液更换工具。

24. 制动液的更换

使用制动液更换工具,按照下述顺序更换制动液:左前→左后→右后→右前,如图 1-45 所示。

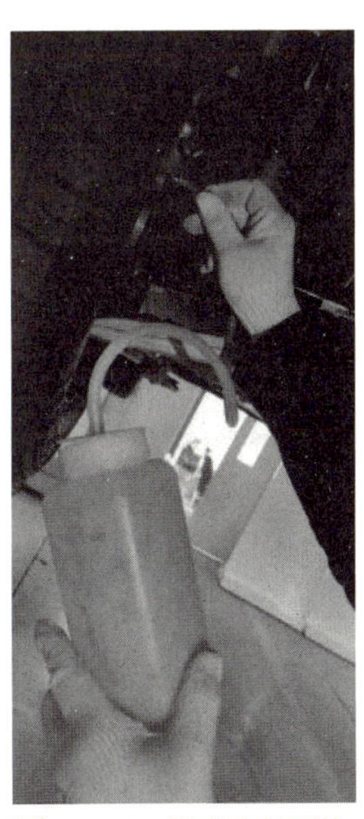

图 1-45 制动液的更换

25. 更换发动机冷却液

(1) 通过散热器和发动机以及储液罐的排放塞排放发动机冷却液;

(2) 将发动机冷却液加注到散热器和储液罐中;

(3) 发动机预热后,让发动机冷却下来。然后,拆卸散热器盖并检查冷却液液位是否合适;

(4) 检查储液罐中的冷却液是否处于规定的范围内。

26. 检查散热器盖

(1) 使用散热器盖测试仪测量阀门开启压力,并检查其是否在规定的范围以内;

(2) 检查真空阀能够平稳操作;

(3) 检查橡胶密封圈是否有裂纹或者破损。

27. 传动带的检查

28. 火花塞的更换

29. 蓄电池的检查

30. 空气滤清器滤芯的更换

清除空气滤清器盖内污物,更换空气滤芯,如图 1-46 所示。

31. 前减振器上支撑的检查

检查前减振器的上支撑是否松动，如图 1-47 所示。

图 1-46　空气滤清器滤芯更换

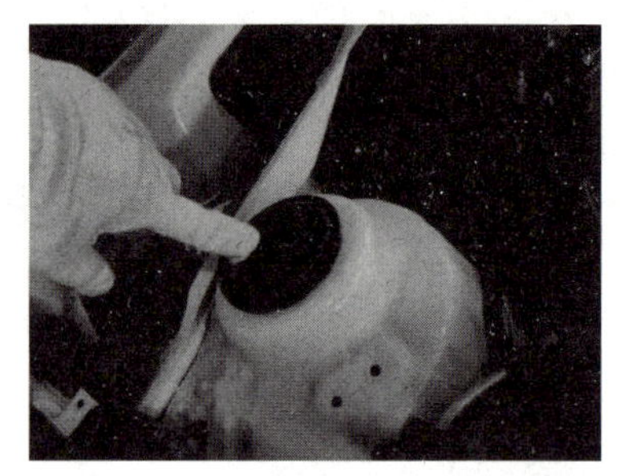

图 1-47　前减震器上支撑的检查

32. 玻璃洗涤液的检查

33. 重新上紧轮毂螺母

34. 曲轴箱通风系统的检查

(1) 发动机怠速时，用手指夹紧 PVC 阀软管，检查工作噪声；

(2) 检查软管是否有裂纹或者损坏。

35. 发动机冷却液的检查

36. 自动变速器液位的检查

37. 空调的检查

38. 机油液位的检查

39. 炭罐的检查

(1) 检查炭罐是否损坏；

(2) 检查炭罐的止回阀的工作情况。

40. 燃油滤清器的更换

(1) 断开燃油泵的电气插接器，运行发动机，在更换燃油滤清器以前放空燃油管线中的燃油；

(2) 更换燃油滤清器。

41. 检查机油、制动液等油液是否有泄漏

42. 检查整理

(1) 拆卸翼子板布和前罩；

(2) 调整收音机、时钟和座椅位置；

(3) 清洁车辆；

(4) 道路测试后，拆卸座椅套、脚垫和转向盘套。

43. 记录分析

雪佛兰科鲁兹定期维护作业记录表见表 1-2。

表1-2 汽车二级维护作业项目评分表

基本信息	姓名		学号		班级		组别	
	规定时间		完成时间		考核日期		总评成绩	
任务工单	序号	步骤			完成情况		标准分	评分
					完成	未完成		
	1	考核准备:车辆 工具、量具及维修资料					2	
	2	预检					2	
	3	灯光喇叭的检查					3	
	4	刮水器及玻璃洗涤器的检查					4	
	5	驻车制动器与制动踏板的检查					4	
	6	转向盘的检查					4	
	7	车身螺母螺栓的检查					3	
	8	加油口盖的检查					2	
	9	悬架的检查					4	
	10	备胎的检查					2	
	11	球节间隙及防尘罩的检查					3	
	12	机油的排放					2	
	13	自动变速器油的检查					2	
	14	机油滤清器的更换					3	
	15	转向机构的检查					4	
	16	制动、燃油、排气管路的检查					4	
	17	车底螺母及螺栓的检查					4	
	18	车轮轴承的检查					4	
	19	车轮的拆装					4	
	20	制动液的更换					4	
	21	制动器的检查					2	
	22	发动机冷却液的更换					4	
	23	传动带的检查					2	
	24	火花塞的更换					4	
	25	蓄电池的检查					3	
	26	空气滤清器的更换					4	
	27	机油滤清器的更换及炭罐的检查					4	
	28	自动变速器油液位的检查					2	
	29	空调的检查					3	

（续表）

安全		2	
5S		2	
沟通表达		2	
工单填写		2	

相关知识

1. 火花塞维护

(1) 火花塞的电极正常颜色为灰白色，如电极烧黑并附有积炭，则说明存在故障。检查时可将火花塞与缸体导通，用中央高压线触接火花塞的接线柱；然后，打开点火开关，观察高压电跳位置。如电跳位置在火花塞间隙，则说明火花塞作用良好，否则，需换新。

(2) 汽车发动机火花塞电极间隙的调整。各种车型的火花塞间隙均有差异，一般应在0.8～1.0之间。检查间隙大小，可用厚薄规进行检测，如图1-48所示。如间隙过大，可用起子柄轻轻敲打外电极，使其间隙正常；间隙过小时，则可利用起子或金属片插入电极向外扳动。

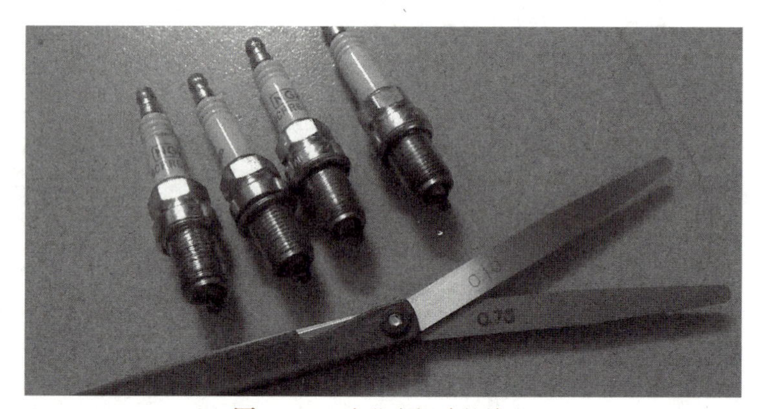

图1-48　火花塞间隙的检查

2. 蓄电池维护

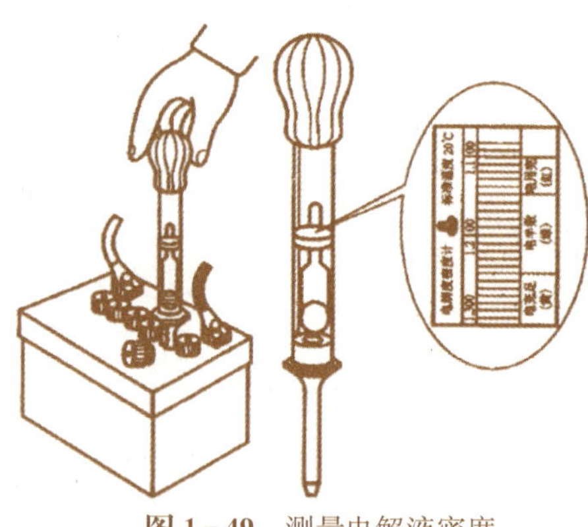

图1-49　测量电解液密度

(1) 测量电解液的密度

电解液的密度可用吸入式密度计测量，如图1-49所示。先吸入电解液，使密度计浮起，电解液面所在的刻度即为密度值。应注意，在测量电解液的密度时，应同时测量电解液的温度，并将测得的电解液密度值，换算成25℃时的密度。

(2) 根据实际经验，密度每降低0.04 g/cm^3，相当于蓄电池放电25%。一般说来，蓄电池充电终了的电解液密度已知，例如，江淮地区密度为1.28 g/cm^3(25℃)，据此，可估算蓄电池的放电程度。

案例 某汽车用蓄电池充足电时的电解液密度为 1.28 g/cm³(25℃)，在电解液温度为−5℃时，实测电解液密度为 1.24 g/cm³，问：放电程度如何？

密度换算：　　$\rho_{25℃}=1.24+0.00075(-5-25)-1.22$。

密度降低值：　　$1.28-1.22=0.06$。

估计放电程度为$(0.06\times25\%)/0.04=37.5\%$，已经超过冬季放电程度的规定，必须补充充电。

为保证所测数据准确，在强电流放电和加注蒸馏水后，不要立即测量电解液密度。

免维护蓄电池不能用这种密度计测量。免维护铅蓄电池设有内装式密度计，内部装有一颗能反光的绿色塑料小球，随其浮升的高度变化，从玻璃观察孔中可以看到代表不同状态的颜色，见表 1-3。

表 1-3 免维护蓄电池密度检查

颜色	绿点	黑色/深色	透明
外观			
状态	正常	已放电	检查充电系统

思考题

1. 汽车维护举升车辆时的注意事项有哪些？
2. 汽车灯光检查项目有哪些？ 如何检查？
3. 更换汽车发动机机油的操作步骤？
4. 汽车制动系统如何检查？

项目二

汽车动力驱动系统维修

项目情景

我国现行的车辆维修制度，属于计划预防维修制度，规定车辆维修必须贯彻“预防为主、定期检测、强制维护、视情修理”的原则。

定期检测是指车辆行驶一定里程或时间后，对车辆进行的综合性能检测。定期检测可以掌握汽车技术状况的变化规律，为确定车辆的二级维护项目提供技术支持。定期检测主要由道路运输管理机构组织汽车综合性能检测和汽车维修企业在二级维护作业前的诊断检测落实。

视情修理是根据车辆诊断检测后的技术评定，按照不同作业范围和作业深度修理。视情修理将确定汽车修理的方式从以车辆行驶里程为基础变为以车辆实际技术状况为基础。视情修理的维修原则体现了技术经济原则，避免了拖延修理造成车况恶化，也防止了提前修理造成的浪费。视情修理落实的关键，是检测诊断仪器和设备的应用。

任务一　汽车发动机系统维修

技能与学习要求

1. 能根据车辆使用手册要求，规范发动机主要总成、部件的检查与修理作业；
2. 能根据车辆使用手册要求，规范汽车发动机检测与修理作业；
3. 养成谦虚谨慎的工作作风，培养精益求精的工匠精神。

任务描述

能查阅车辆使用手册，规范完成：

1. 发动机大修前的检测；
2. 汽缸压力测量；
3. 进气管真空度的测量；
4. 发动机汽缸体及汽缸盖的检查与维修作业；
5. 发动机曲轴飞轮组件维修作业；
6. 发动机活塞、活塞环与活塞销的选配；
7. 发动机电控系统维修作业；
8. 汽车燃油和进排气系统检查及维修作业。

内容与操作步骤

1. 发动机大修前的检测

发动机从汽车上拆下前，首先应了解发动机的技术状况，有何故障征兆，例如，发动机运转有无异响，燃油消耗是否超标等。在对诸因素进行综合分析评价后，再决定拆卸与否。为此，在拆卸前应用仪器设备检查发动机的参数。

2. 汽缸压力测量

汽缸压力表是专用压力表，有表头、导管、单向阀和接头组成，如图 2－1 所示，接头有橡胶接头和螺纹接头两种，前者可以压紧在火花塞孔上，后者可以拧紧在火花塞螺纹孔上。

测量的条件是，首先发动机暖机至正常工作状态(冷却液温度达 85～95℃，机油温度达到 70～90℃)，用起动机带动拆除全部火花塞的发动机运转。测量方法如图 2－2 所示。

(1) 拆下空气滤清器；

(2) 用压缩空气吹净火花塞周围的赃物；

(3) 拆下全部火花塞；

(4) 拔下点火线圈上的中央高压线，使其可靠搭铁，以免发生电击着火；

(5) 把节气门置于全开位置，把汽缸压力表依次安装到每个火花塞孔上，扶正压紧；

(6) 把点火开关置于 ST 位置，用起动机带动发电机运转。与此同时，观察压力表读数并与标准值比较；

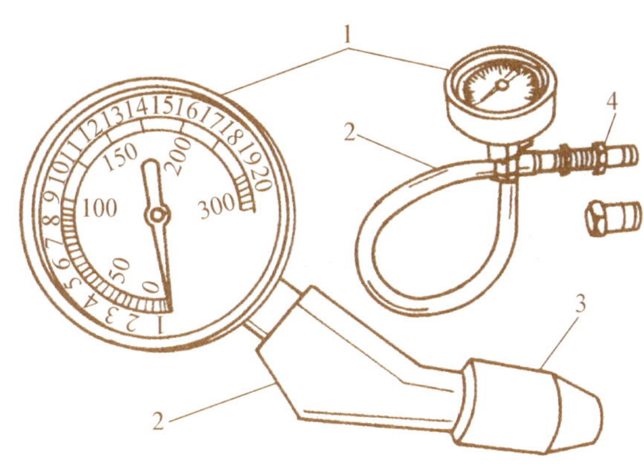

1-表头 2-导管 3-锥形橡胶接头 4-螺纹接头

图 2-1 汽缸压力表

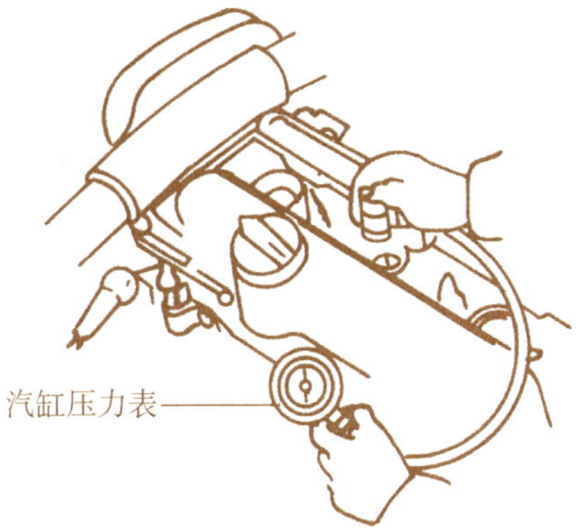

汽缸压力表

图 2-2 测量汽缸压缩压力

(7) 取下压力表,记下读数,按下单向阀,使指针归零。重复测量,每缸不少于两次。

值得注意的是,测量汽缸压缩压力之前确认蓄电池充足电,起动机状态良好,起动转速符合要求,方可开始测量汽缸压缩压力。

3. 测量进气管真空度

检测进气管真空度,可以诊断发动机多种故障。进气管真空度用真空表检测,无须拆卸任何机件,而且快速、简便。指针式真空表如图 2-3 所示,把真空表软管接到进气管的测试接口上,使发动机怠速运转,观察真空表指针的读数与其摆动区间。

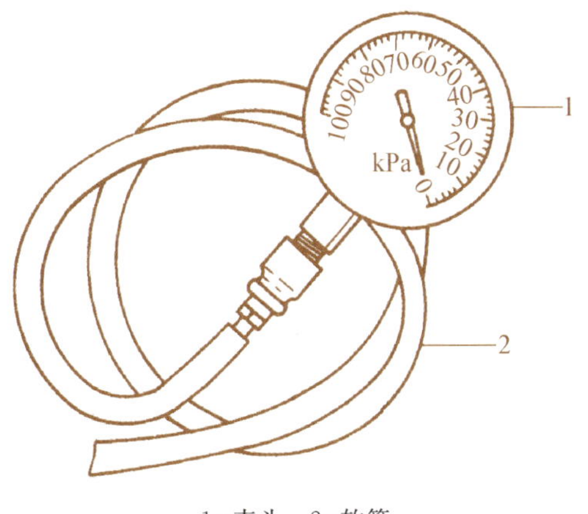

1-表头 2-软管

图 2-3 真空表

一般高速发动机进气管真空度低,低速发动机进气管真空度高。此外,真空度还与测量地点的海拔高度有关,海拔越高,进气管真空度越低,海拔每升高 500 m,真空度降低 3.3～4.0 kPa。

(1) 测试条件及操作方法

① 起动发动机,并使其以高于怠速的转速运转 30 min 以上,使发动机达到正常温度;

② 将真空表软管接到进气歧管的测压孔上;

③ 变速器挂空挡,发动机怠速运转;

④ 读取真空表上的数值。

(2) 测试结果分析 进气管真空度的诊断需根据《汽车发动机大修竣工技术条件》的规定。大修竣工的四冲程汽油机转速在 500～600 r/min 时,以海平面为准,进气管真空度应在 57.33～70.66 kPa 范围内。波动范围:六缸汽油机一般不超过 3.33 kPa,四缸汽油机一般不超过 5.07 kPa。

4. 发动机汽缸盖及配气机构检查保养及维修作业

(1) 汽缸体和汽缸盖裂损的检修 发动机汽缸体和汽缸盖裂损可用水压或气压试验来

图 2－4　缸体裂纹检查

检查，试验压力约为 0.3～0.4 MPa。不过，用气压试验时，应在被检查部位涂肥皂水。此外，也可把染色渗透剂喷到燃烧室、气门座和缸体表面被检部位，若渗透剂渗入内部，则表明有裂纹，如图 2－4 所示。

（2）汽缸体和汽缸盖变形的检修　汽缸体上平面和汽缸盖下平面的翘曲，可用精密直尺和塞尺检查，如图 2－5 所示。检查标准如下：一般缸体的平面度误差不超过 0.10 mm，丰田 3Y、22R 汽缸体平面度误差不超过 0.05 mm，汽缸盖不超过 0.15 mm。

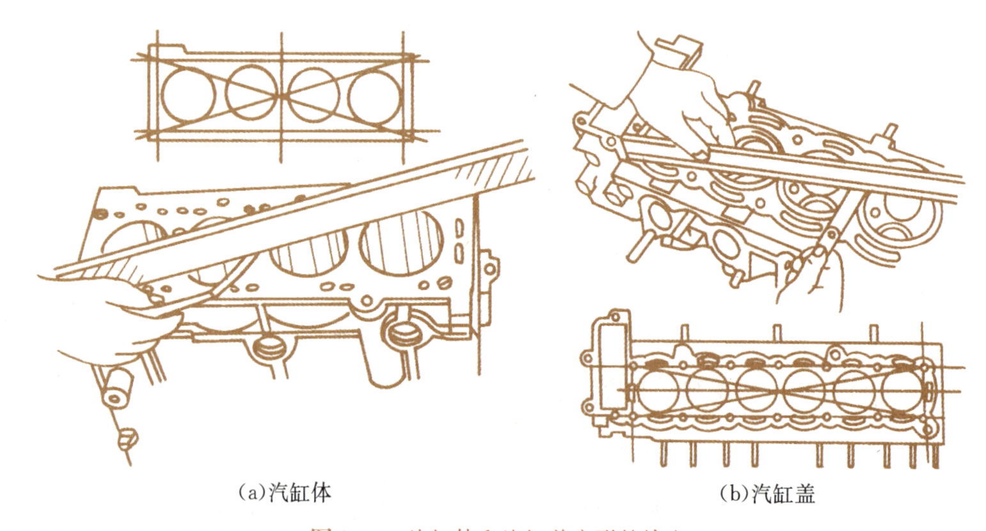
(a)汽缸体　　(b)汽缸盖

图 2－5　汽缸体和汽缸盖变形的检查

当检查结果超过规定值时，可以对翘曲平面进行磨削或铣削加工。汽缸盖磨削或铣削量一般不超过 0.20～0.30 mm，可通过汽缸盖厚度的极限值加以控制。加工量太大，汽缸盖变薄，燃烧室容积变小，会引起发动机爆燃，工作不正常。

5. 发动机曲轴飞轮组件维修作业

（1）曲轴的检修　曲轴的损伤主要是主轴颈和连杆轴颈的磨损，轴颈表面拉伤、烧蚀，弯曲或扭曲变形，严重时出现裂纹甚至断裂。

① 曲轴轴颈磨损主要用外径千分尺，按照图 2－6 所示测量方法和测量部位测量。曲轴轴颈的圆度误差和圆柱度误差超过 0.01～0.0125 mm 时，应在专用曲轴磨床上进行磨削加工。

② 曲轴弯曲变形检测，是将曲轴两端主轴颈放在测量平板上的 V 形块上，用百分表测量，方法如图 2－7 所示。将百分表触头抵在中间主轴颈的未磨损处，用手慢慢转动曲轴两圈，百分表指示的最大和最小两个读数之差就是曲轴弯曲变形造成的径向圆跳动量，一般不应超过 0.04～0.06 mm。若跳动量超过 0.10 mm，就应加以校正；若未超过 0.10 mm，虽然超过了极限，也无须特意校正，在磨削轴颈时即可修正。变形过大时，应采用热校、冷压或敲击法消除，必要时更换曲轴。

（2）飞轮的维修　若飞轮有龟裂、磨损、拉伤等缺陷，飞轮工作面有刮伤、偏磨以及飞轮

螺栓孔附近有裂纹、刮伤和偏磨严重或螺栓孔有裂纹等缺陷，应更换。

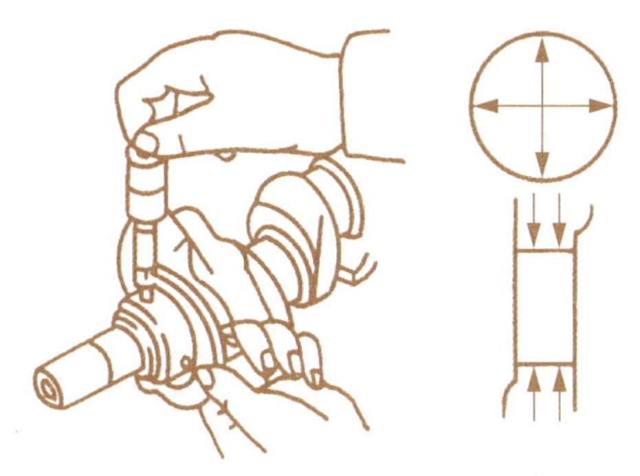
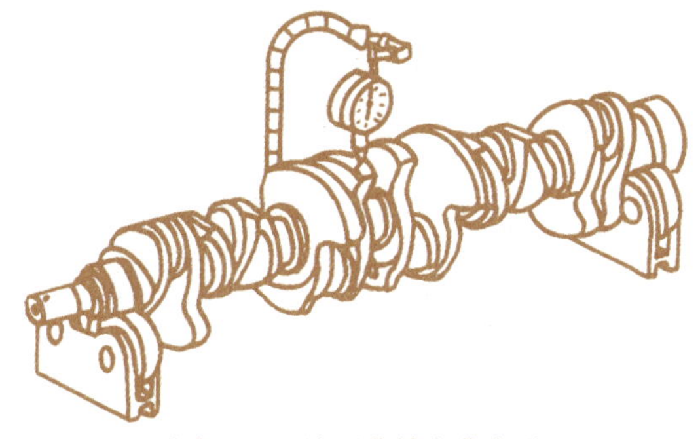

图 2-6　测量主轴颈和连杆轴颈直径

图 2-7　检测曲轴弯曲变形

拆卸飞轮齿圈时，应将齿圈均匀加热到 250～300℃，然后拆下。装配新齿圈时也应加热到同样温度，按规定方向镶入到常温的飞轮外圆上，然后在大气中冷却。

飞轮组装到曲轴上后，应检查其端面圆跳动量，飞轮端面圆跳动量的极限值为 0.1～0.2 mm。测量方法如图 2-8 所示。将百分表的测头触及飞轮光滑的工作面，缓慢转动飞轮一圈，百分表的读数差即为飞轮工作面的跳动量。若超过极限值，应该调整、修理或更换。

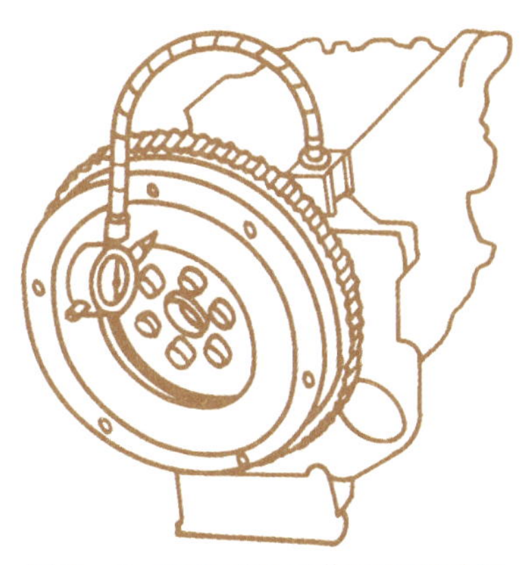

图 2-8　测量飞轮工作面的跳动量

6. 发动机活塞、活塞环与活塞销的选配

活塞常出现的损伤是环槽磨损、裙部拉伤及偏磨损或销孔磨损。活塞环的损伤多是由于润滑不良、高温和燃烧气体的高压及高速运动造成环表面拉伤、磨损，甚至出现活塞环在槽内被积碳黏住，卡死而失去弹性，密封不良。此外由于气体压力和惯性力的作用，活塞与活塞销之间的相对运动，也会使活塞销与其座孔磨损。活塞、活塞环与活塞销在大修时一般成套更换。活塞、活塞环与活塞销选配的要点如下：

(1) 应该选用与汽缸标准尺寸或修理尺寸级别相同的活塞与活塞环及相应的活塞销。活塞顶上标出的标准尺寸字母“STD”或加大尺寸(O/S)数值，+0.25，+0.50，+0.75，+1.00 可供识别；

(2) 同一台发动机应选用同一厂牌的一组活塞；

(3) 同组活塞的质量误差不应超过规定值，否则应重新选配；

(4) 活塞环端隙、侧隙检查是为了确保活塞环与环槽、汽缸的良好配合。轿车活塞环端隙一般为 0.10～0.50 mm，侧隙为 0.03～0.37 mm。端隙过大会导致漏气，过小则活塞环受热膨胀后开口处会卡死，引起活塞环变形，造成拉缸。侧隙过大使汽缸密封性变差，机油上窜严重，侧隙过小容易使活塞环在环槽中卡死。

检查活塞环端隙时，先将活塞环放入汽缸内，再把活塞倒装入汽缸；把活塞环推到正常行程的下极限位置，抽出活塞，把塞尺插入活塞环端口处检查，如图 2-9 所示。检查侧隙时，将活塞环平插入环槽，然后把塞尺插入两者侧隙中检查，如图 2-10 所示。上述检查中，如果间隙测量值不符合要求，应查明原因，必要时重新选配。

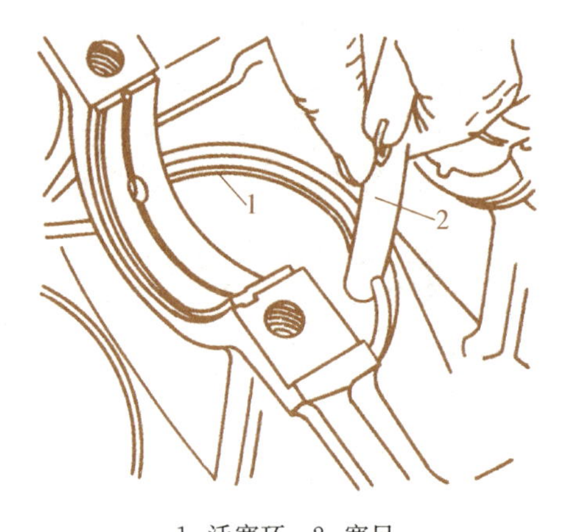

1-活塞环　2-塞尺

图 2-9　测量活塞环端隙

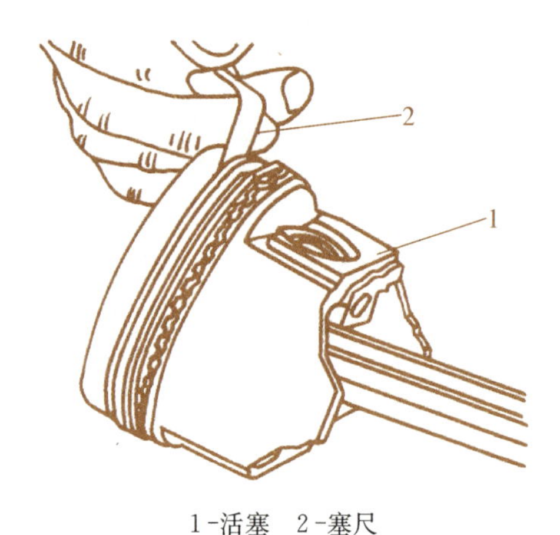

1-活塞　2-塞尺

图 2-10　测量活塞环侧隙

(5) 测量活塞直径　测量活塞直径应在垂直于活塞销孔中心线方向的裙部测量。各种型号发动机活塞直径的测量部位均不同，应按厂家规定的部位测量，如图 2-11 所示。

(a) 到顶面的距离　　(b) 到下面的距离　　(c) 到最后一个环槽下边缘的距离

图 2-11　活塞的测量部位

(6) 活塞与汽缸的选配　选配活塞时，应使活塞上的数码与汽缸上的数码一致，这样才能保证活塞与缸壁的配合间隙。

7. 点火系线路检测

(1) 点火开关置于 OFF 位置；

(2) 打开分电器盖，拔下分电器盖上的中央高压线并搭铁；

(3) 将电压表两触针接在霍尔信号发生器连接器信号线(绿白线)和搭铁线(棕白线)间(或控制器插头 3、6 之间)；

(4) 点火开关置于 ON 位置，盘动发动机，观察电压表读数。当触发叶轮的叶片在空气隙位置时，其电压值为 2～9 V；当触发叶轮的叶片不在空气隙位置时，其电压值为 0.3～0.4 V；

(5) 若与标准不符，应更换霍尔传感器。

8. 燃油泵通电检测

(1) 在确认电机线圈电阻值在规定的范围之内后，用跨接线连接到燃油泵接线端；

(2) 将跨接线两端连接蓄电池的正、负极；

(3) 观察电机运转状况(看、听、摸)。

9. 发动机电控系统维修作业

(1) 电路的一般检查　电路的一般检查作业，包括检查插接器、传感器、执行器、控制器以及配线之间有无断路、短路情况。检查时可用万用表的电阻或电压挡，检查方法如下：

① 确定测量点：根据检查要求，当需要把插接器的端子作为测量点时，应拔下插接器。当必须在插接状态下测量时，可把插接器上的橡胶防水套先向后脱出，再将测杆从其后端以适当的角度插入，触及端子测量，如图 2-12 所示。

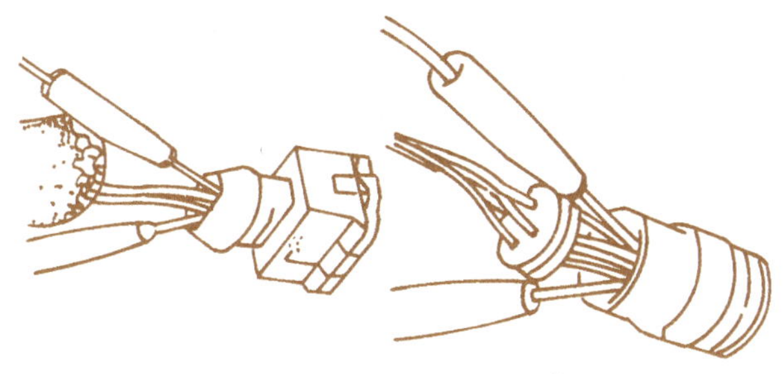

图 2-12　正确选择测量点

② 检查电路是否断路：图 2-13 所示为一般的传感器、控制器与其配线及插接器 A、B、C 连接的电路示意图。可通过测量电阻或电压来判断插接器之间是否有断路及短路。

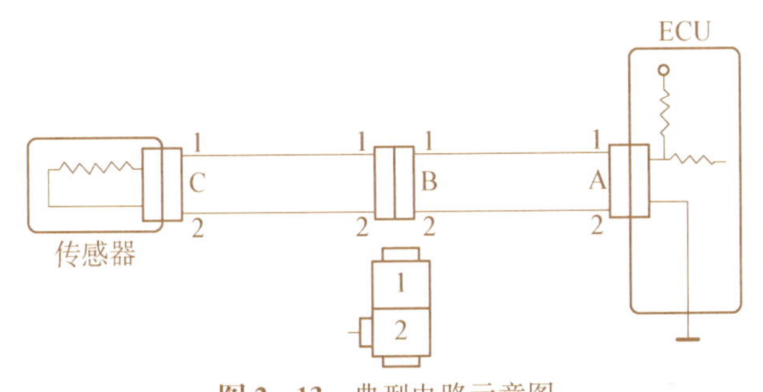

图 2-13　典型电路示意图

用测电阻的方式检查断路时，应把插接器 A 和 B 分别与控制器和传感器脱开，测量插接器 1-1 与 2-2 间的阻值。电阻值小于 1 Ω，表明电路通，电阻为∞，表明电路断路。此外，也可不拔下插接器分别在 A、B 的端子与搭铁间测出电压值，如电压值与规定值相符，表明电路通，电压值为 0，表明断路。

③ 检查电路是否短路：电路短路是由于线束与车身搭铁造成的。出现短路时，应仔细检查线束是否卡在车身内。用万用表检测线束与车身之间的电阻，若电阻为 0 或阻值很小，表明短路，若阻值大于或等于 1 MΩ，表明绝缘良好。

(2) 传感器检修

① 冷却液温度传感器与 ECU 连接如图 2-14(a)所示，检查时，可拔下其连接器或将传感器从发动机上拆下。其电阻值随冷却液温度在 0.2～20 kΩ 之间变化，冷却液温度低时电阻值大，冷却液温度高时电阻值小。检查时注意冷却液的温度，若所测阻值与规定值相符，表明传感器良好，否则应更换。

② 进气温度传感器与 ECU 的连接线路如图 2-14(b)所示，进气温度传感器的电阻检

查方法与冷却液温度传感器相同。也可通过电压测量来检查。检查时，先把点火开关置于ON位置，测量ECU的THA与E2端子间的电压。其电压应在0.5～3.4之间，若无电压，则应检查ECU的电源电压及ECU的搭铁情况。

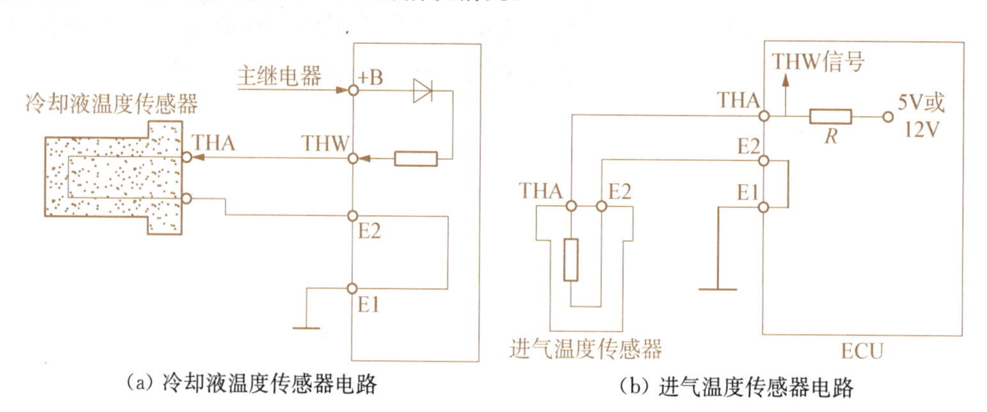

(a) 冷却液温度传感器电路　　(b) 进气温度传感器电路

图2-14　温度传感器电路

(3) ECU的检测　可通过检测电脑各端子的电压来检测ECU。以HONDA为例，步骤如下：

① 点火开关置于OFF时，将电脑及其插接器与测试插接器接好，如图2-15所示。

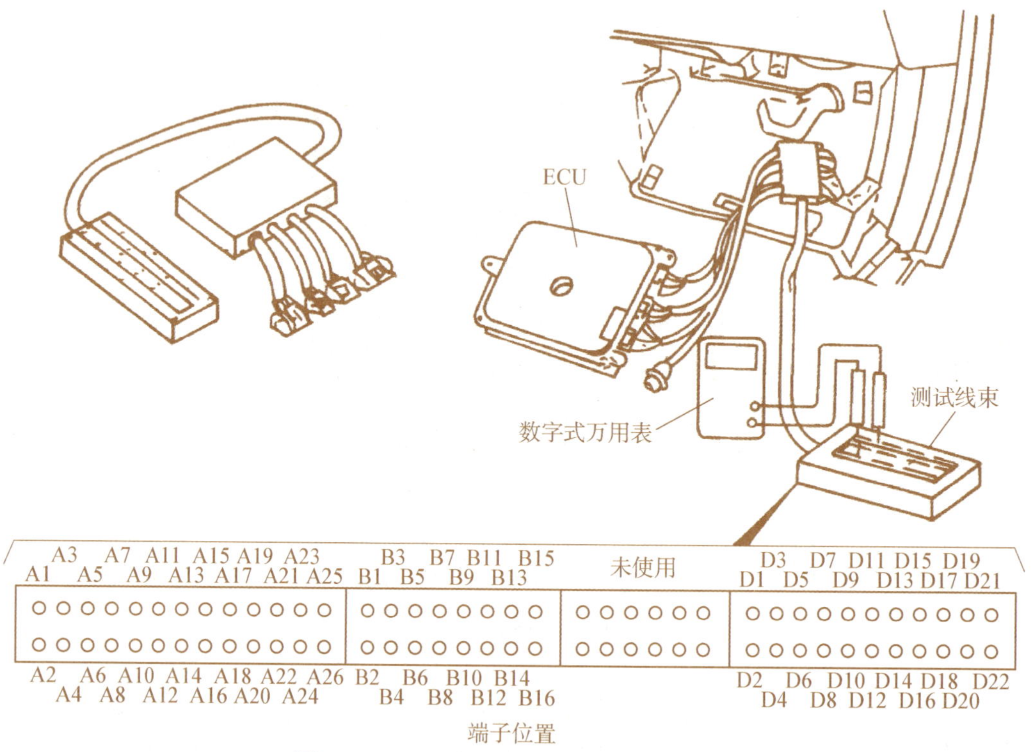

图2-15　HONDA电脑与测试插接器连接

② 在KOEO状态，用万用表测量ECU电源电压(D1)，以及来自主继电器电源电压(B1)和起动信号电压(B9)，均应为12 V。

③ 检查 ECU 搭铁是否良好，其主搭铁线端子（A23、A24、B2）及传感器共同搭铁端子（D21、D22）电压均应为 0 V。

10. 汽车燃油和进排气系统检查及维修作业

（1）喷油器的检查

① 拔下喷油器的电插接头，将喷油器连同分配管从进气管上一起拆下，并安装到一组量杯上。此时，进油管、回油管和压力调节器仍在分配管上。拆下油泵继电器，用辅助导线跨接其底板上的输入端子，使油泵工作，给喷油器施加电压。喷油器的阻值在 15～18 Ω 时，可以直接把 12 V 电压施加在喷油器上；当喷油器的电阻在 1～3 Ω 时，如供 12 V 电压则必须串联一个 5～8 Ω 的电阻。喷油器的油束应均匀，并呈圆锥形，喷油束角度一般为 10°～40°。

② 检查喷油器的滴漏，拔下喷油器上方的插接器，使油泵运转，观察喷油器的喷嘴，在 1 min 内滴漏量不允许超过 1 滴。

③ 喷油器的喷油量检查。一般发动机喷油器的喷油量为 200～250 ml/min，大功率发动机可达 450 ml/min。各缸喷油量误差不得超过 15%～20%。

（2）燃油压力与燃油泵供油量的检查　测量时将压力表接到燃油分配总管的测压接口上，使燃油泵工作或发动机运转，即可从压力表上得到燃油压力。拔掉燃油压力调节器上的真空软管，可以得到系统压力。测量完系统压力后，将发动机熄火，等 10 min 或 20 min，压力表上指示的数值就是残余压力。

（3）进气系统的检查　电控发动机的进气系统如图 2－16 所示。

① 检查空气滤清器滤芯是否堵塞，必要时用压缩空气反冲或更换；

② 检查进气系统是否漏气；

③ 检查空气流量计工作是否正常；

④ 检查节气门体内腔的积垢和结胶情况，必要时可用化油器清洗溶剂清洗；

⑤ 检查调整节气门初始位置；

⑥ 怠速转速的调整。对于怠速可调的电控发动机，如怠速不符合要求，可通过节气门体上的怠速调节螺钉调整。

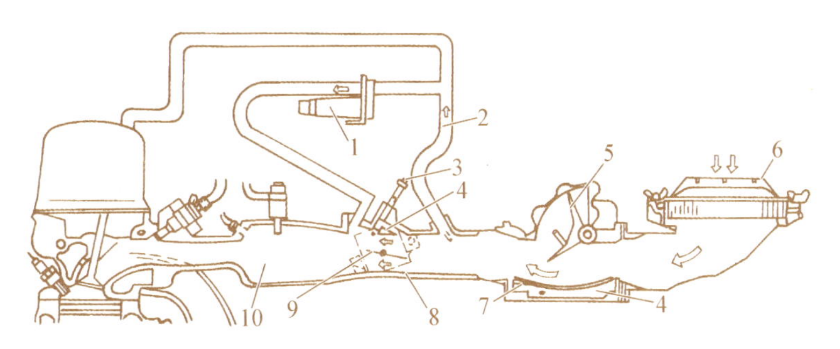

1－补充空气阀　2－进气软管　3－怠速调节螺钉　4－旁通气道
5－摆板式空气流量计　6－空气滤清器　7－混合气调节螺钉　8－节气门体
9－节气门　10－稳压箱

图 2－16　进气系统

思考题

1. 汽车发动机水温高的故障如何检修?
2. 汽车汽油发动机加速无力故障如何检修?
3. 汽车发动机动力不足故障发如何检修?
4. 汽车发动机异响故障如何检修?
5. 汽车发动机机油警告灯亮故障如何检修?
6. 汽车发动机故障警告灯亮故障如何检修?

任务二　汽车变速器系统维修

技能与学习要求

1. 能根据车辆使用手册要求,规范汽车变速器维护作业;
2. 能根据车辆使用手册要求,规范汽车变速器检查与修理作业;
3. 养成良好的工作习惯,工作中注意节约资源、保护环境。

任务描述

能查阅车辆使用手册,规范完成:

1. 汽车手动变速器的检查维护作业;
2. 汽车手动变速器换挡机构维护作业;
3. 汽车离合器检查维护及检测维修作业;
4. 汽车自动变速器的检查维护作业;
5. 汽车自动变速器检测维修作业;
6. 更换自动变速器阀体总成作业。

内容与操作步骤

1. 手动变速器的检查维护作业

(1) 检查壳体是否有裂纹以及变速器的固定情况　检查内容包括变速器的紧固情况,各固定螺栓是否有松动。其次,检查变速器壳体是否有裂纹,是否有漏油现象,如有应查明原因,予以排除。

(2) 检查变速器挡位　检查每个挡位能不能挂挡,挂挡操作是否平顺,挡位工作是否可靠,是否存在跳挡现象。

(3) 检查变速器的油液　松开变速器加油孔螺栓,检查油液液面,若液面过低应添加相同牌号的齿轮油。

2. 手动变速器换挡机构维护作业

手动变速器操纵机构的结构分为直接操纵机构、选换挡机构、遥控机构、操纵机构的安

全装置等。

（1）纵向杆系统的维护　操纵杆系统弯曲变形，可矫正修复；如果杠杆系统处于运动中，并且杆轴不能用锁定螺栓和锁定线锁定，则应更换杠杆系统；如果轴和衬套磨损了，应该更换衬套。

（2）换挡拨叉轴的维护　如果拨叉轴弯曲，应更换或冷压校正。锁销、定位球和4个槽磨损，定位弹簧变软或断裂，应更换。检查拨叉轴4个槽的磨损情况。如果磨损严重，应更换拨叉轴。

（3）换挡拨叉的维护　换挡拨叉的弯曲或扭曲可通过仪器或与新拨叉的比较来检查。如有弯曲或扭曲，应更换。

3. 离合器检查维护及检测维修作业

（1）检查离合器踏板高度与自由行程

① 踏板高度的调整：如图2-17所示，拧松锁紧螺母，转动止动器螺栓直至高度符合规定，离合器踏板高度可用直尺测量，一般轿车离合器踏板高度规定值为170～190 mm。

② 踏板自由行程和推杆行程的检查与调整：正常的踏板自由行程是保证离合器完全接合和彻底分离的必要条件。检查踏板自由行程可用直尺测量。其方法是，先检查出踏板完全放松时的高度，再测出踏板感觉稍有阻力时的新高度，前后两次高度差，即为踏板自由行程。如踏板自由行程不符合规定值时应调整。

对于液压操纵的离合器，踏板自由行程的调整如图2-18所示。拧松锁紧螺母，转动主缸推杆直至踏板自由行程符合规定要求。例如，丰田海艾斯汽车离合器踏板自由行程为5～15 mm，相应推杆行程为1～5 mm。调整完毕后，拧紧锁止螺母，再重复检查踏板自由行程和推杆行程。

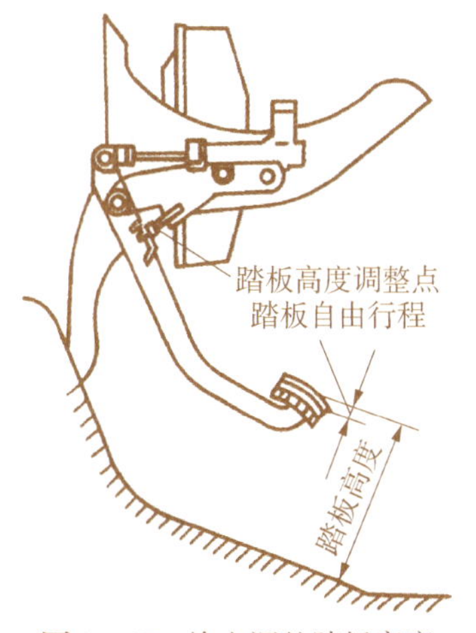

图2-17　检查调整踏板高度

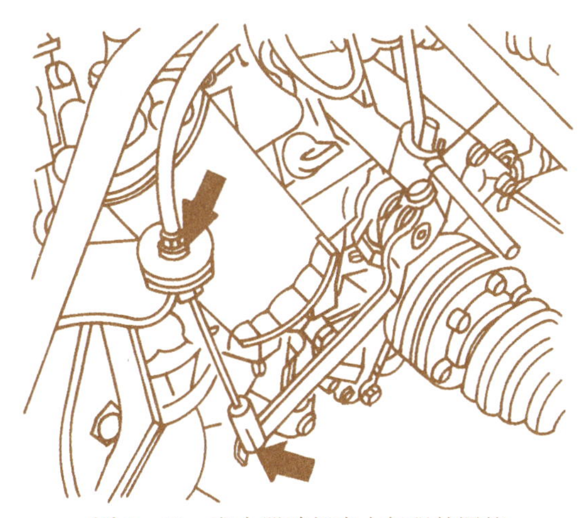

图2-18　离合器踏板自由行程的调整

（2）离合器踏板工作行程的检查　离合器踏板高度和调整自由行程调整正确后，再检查踏板工作行程是否符合规定，一般工作行程为150±50 mm。检查的目的是为了保证踏板踩下后，与底板间有一定的间隙。

4. 自动变速器的基本检查

（1）检查前的准备　挂P挡，拉紧驻车制动，如图2-19(a)所示。

(2) 打开点火开关置 ON,起动发动机,当发动机工作温度正常时,分别挂 P 挡、N 挡,关闭空调,检查仪表工作状况。

检查发动机怠速转速是否为 780~800 r/min,如图 2-19 所示。若怠速过低,当变速器置于 R、D、2 或 1 挡位时,会使汽车产生振动,影响乘坐的舒适性,严重时会使发动机熄火。若怠速过高,如图 2-19(b)所示,则会产生换挡冲击。

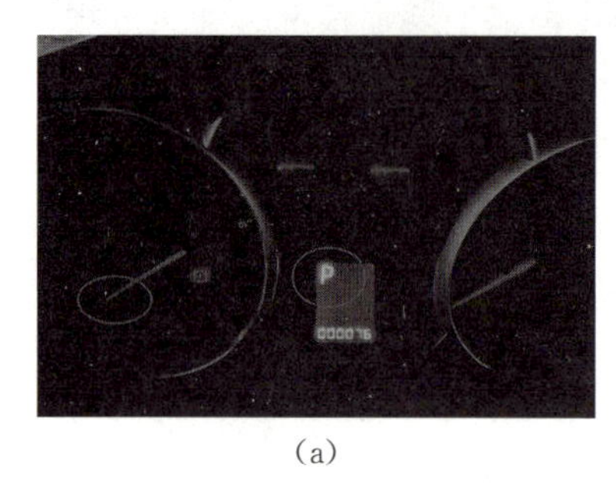

(a)

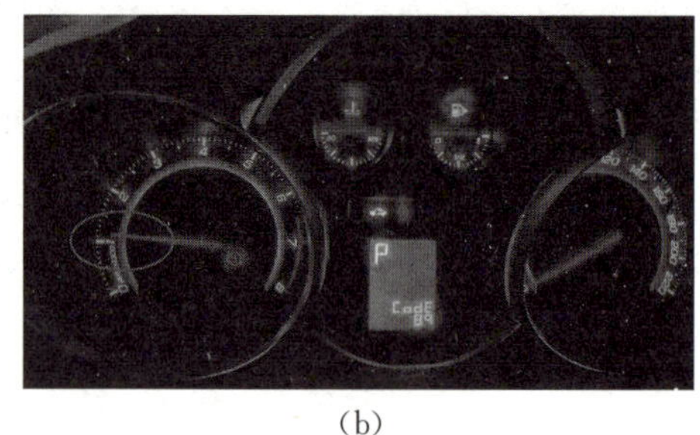

(b)

图 2-19 发动机怠速检查

(3) 节气门阀拉线的检测 在自动变速器中,节气门阀拉线连接节气门阀与发动机上的节气门,通过节气门阀的位移量变化,将发动机节气门开度信号转化为节气门的油压信号。节气门阀拉线检测主要是检查表征发动机负荷大小的节气门开度,是否准确地反映到自动变速器的节气门阀处。

(4) 检查换挡位置 检查换挡位置和仪表显示是否一致,如图 2-20 所示。

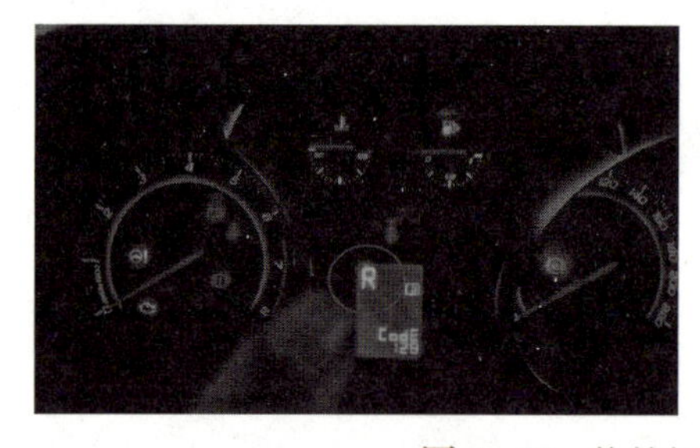

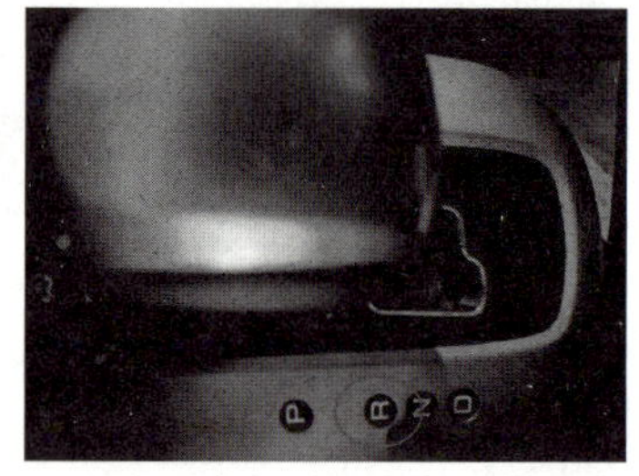

图 2-20 换挡杆位置检查

(5) 检查自动变速器是否漏油 用举升机举起汽车,拆下发动机与变速器的护板,如图 2-21 所示。

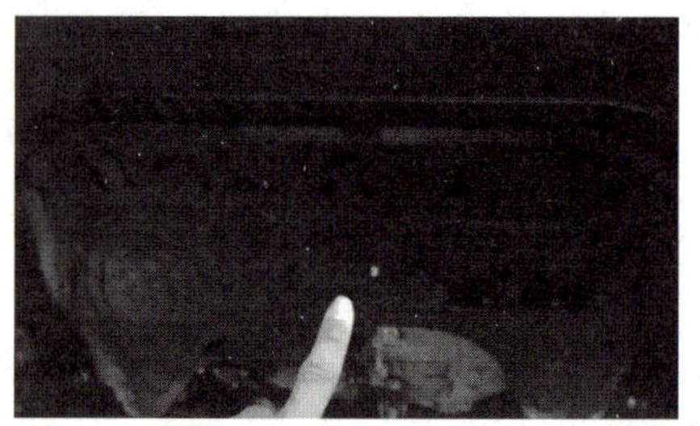

图 2-21 举起汽车并拆下发动机与变速器的下护板

目测检查发动机与自动变速器的连接处、变速器的油底壳密封垫、油封、油管、管接头等是否有漏油，如图 2－22 所示。

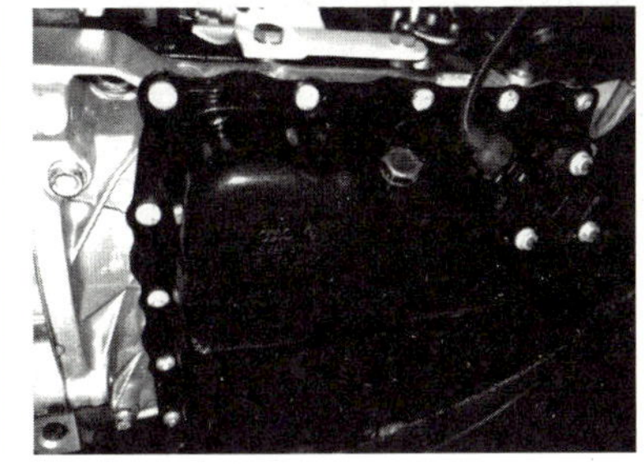

图 2－22　目测检查是否漏油

5. 汽车自动变速器检测维修作业

(1) 失速检测　失速检测是在车速为零时检测发动机转速的一种测试。目的是通过测量挡位选择手柄置于 D 或 R 位置时的失速速度，来检查自动变速器和发动机的整体性能。失速检测方法如图 2－23 所示。

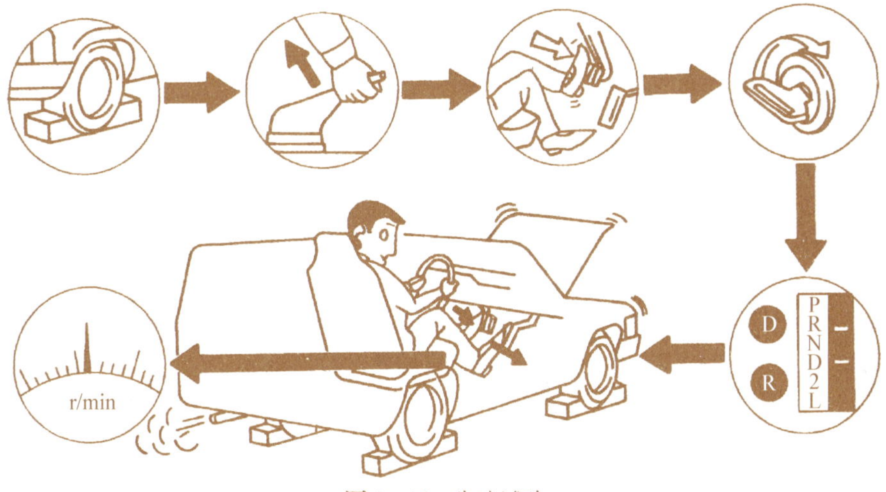

图 2－23　失速试验

① 失速试验前，应确认发动机加速性能良好，变速器内油位、油温正常，脚制动、驻车制动性能良好，车轮被三角木挡住。

② 试验过程中，拉紧驻车制动器，同时将制动踏板踩到底，起动发动机；将选挡手柄置于 D 挡，迅速将油门踏板踩到最大加速位置，提高发动机转速。当发动机转速升至最大时，记下此时的失速速度。不同发动机和变矩器的失速速度不同，但失速速度一般在 1 500～3 000 r/min 之间。

③ 失速测试时间不宜过长，一般应控制在 5 s 以内，即读取数据后应立即松开油门踏板。测试完成后发动机应怠速运转几分钟，以消除变矩器产生的热量，然后关闭发动机或进行下一次试验。

(2) 电子控制系统部件检测

① 车速传感器检测：车速传感器如果损坏可能会导致变速器只能在一个挡位运行，无

法升挡或降挡，严重时可能会频繁跳挡。检查时，首先目视检查传感器是否损坏或变形；然后，用万用表测量传感器线圈电阻是否正常。根据车辆类型不同，其阻值从几百欧姆到几千欧姆不等。

② 换挡电磁阀检测：换挡电磁阀故障将导致无法换挡，检查时可检测线圈是否短路、断路或接触不良。

③ 油压控制电磁阀检测：测量油压电磁阀两端的电阻值，一般为 3～5 Ω。将可调电源接到电磁阀线圈的两端，改变电压，电磁阀阀芯应移动。

④ 油温传感器检测：用万用表检测油温传感器是否断路或短路，传感器的阻值和温度是否符合规定值。

6. 更换自动变速器阀体总成作业

目前，如果判断出自动变速器阀体有故障，基本都是总体更换。下面就以丰田 U550 型自动变速器为例，说明自动变速器阀体总成更换过程。

(1) 准备工作　断开蓄电池负极端子，拆下传动轴油尺，拆去发动机下护板，放出自动变速器油(ATF)。

图 2－24　拆下自动传动桥油底壳

(2) 拆下自动传动桥油底壳　拆去油底壳上的 11 个螺栓及衬垫，如图 2－24 所示。在拆卸油底壳时一些 ATF 将保留在油底壳里，要小心移除。

(3) 拆下油底壳中的磁铁　拆下油底壳中的磁铁，检查油底壳中的碎屑，如图 2－25 所示，推断发生了何种类型的磨损。若是钢屑(有磁性)，一般磨损部位有轴承、齿轮及离合器片磨损；铜屑(无磁性)，一般磨损部位为轴承套。

(4) 拆下粗滤器及其附件　拆下粗滤器，从粗滤器上拆下 O 型密封圈。拆卸阀体上的电磁阀线束、ATF 温度传感器和手动锁止弹簧，如图 2－26 所示。

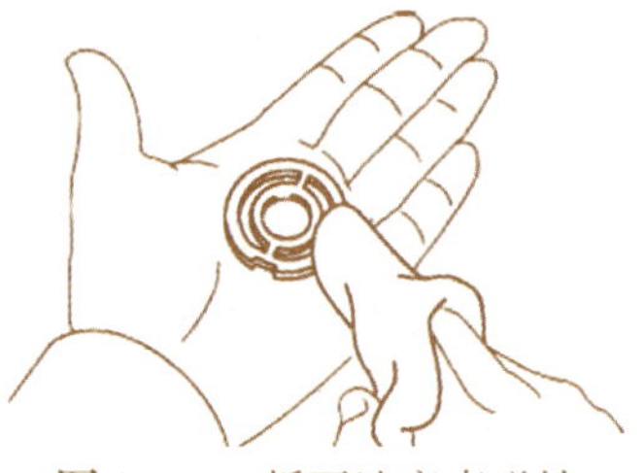

图 2－25　拆下油底壳磁铁

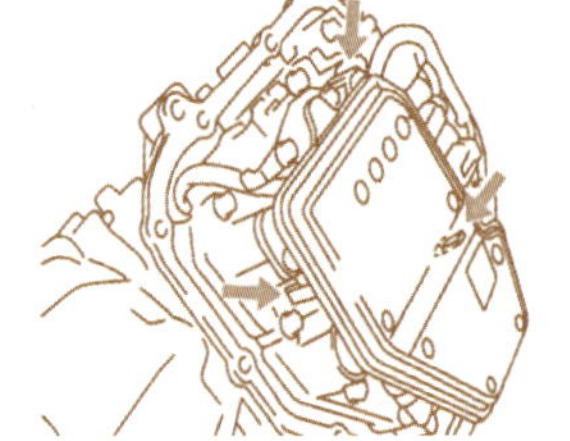

图 2－26　拆卸滤清器、电磁阀线束等

(5) 拆下阀板总成　拆下 6 个螺栓及阀体总成。注意不要使阀体、弹簧和储能器活塞坠落，如图 2－27 所示。

(6) 拆下 6 个换挡电磁阀　拆下 6 个换挡电磁阀，如图 2－28 所示，安装过程与拆卸先后顺序相反。

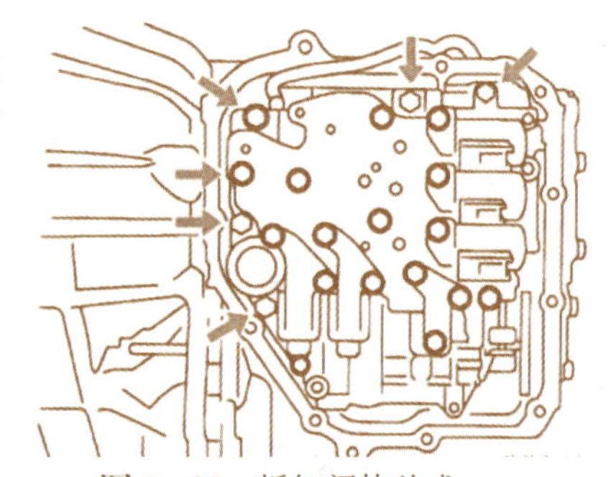

图 2－27　拆卸阀体总成

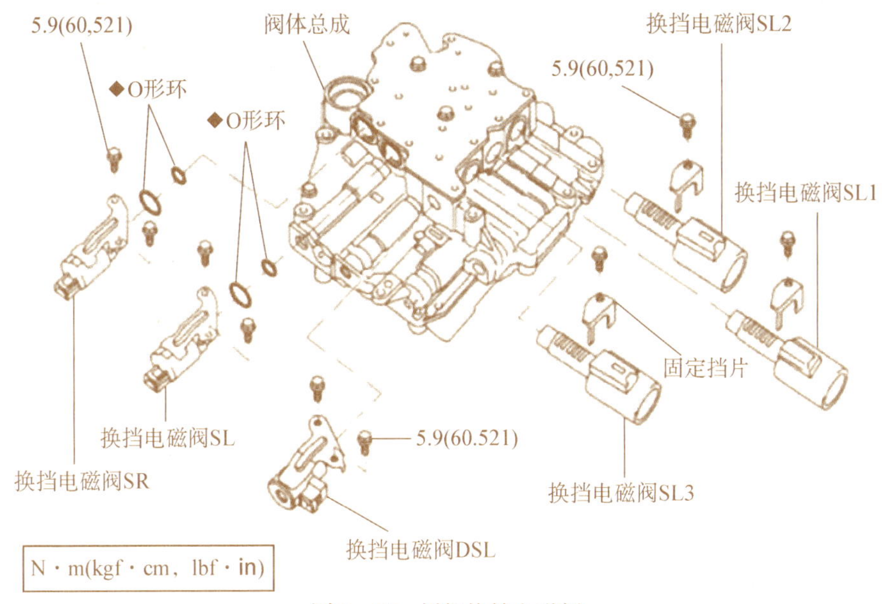

图 2－28　拆卸换挡电磁阀

相关知识

01N 型自动变速器的机械结构主要由 1 个行星齿轮组、3 个离合器、2 个制动器及 1 个单向轮组成。其中，行星齿轮组由 1 个小太阳齿轮、1 个大太阳齿轮、3 个短行星齿轮、3 个长行星齿轮、行星齿轮架及齿圈组成。变速器在工作时，阀体通过油压控制离合器、制动器的动作，以完成液力变矩器和行星齿轮组之间的动力传输。如果离合器 K1 工作，就会驱动小太阳齿轮。离合器 K2 则用来驱动大太阳齿轮，离合器 K3 驱动行星齿轮架，制动器 B1 制动行星齿轮架，动力是通过齿圈输出的。前驱轿车的动力传递路线如图 2－29 所示。

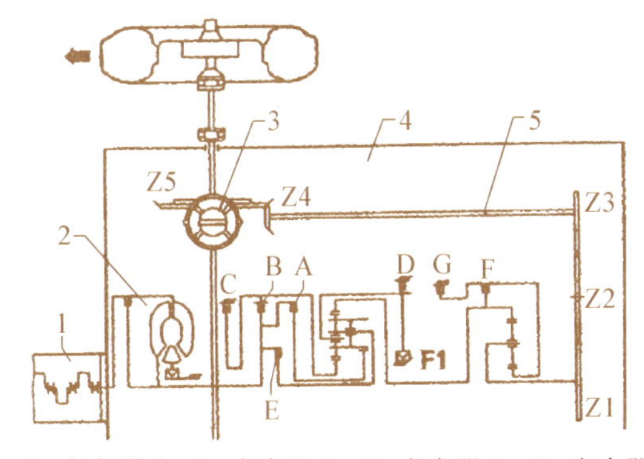

A－离合器 A　B－离合器 B　C－离合器 C　D－离合器 D
E－离合器 E　F－离合器 F　G－离合器 G　F1－单向离合器
1－发动机　2－带短接耦合器的变矩器　3－差速器　4－自动变速器　5－主动齿轮轴　Z1、Z2 和 Z3－中间传动行星齿轮
Z4、Z5－传动副

图 2－29　前驱轿车动力传递示意图

换挡元件工作情况见表 2－1。手动阀位于 D 挡时，变速器的各挡传动路线如下。

表 2－1　换挡元件的工作

位置/挡位	电磁阀			压力调节阀				离合器				制动器			单向离合器
	1	2	3	1	2	3	4	A	B	E	F	C	D	G	1挡
R＝倒挡	×			×		×			×				×	×	
N＝空挡	×	×		×		×					×-			×-	
直接 1 挡	×	×		×		×		×						×	×
直接 2 挡	×	×		×	×	×		×				×		×	
直接 3 挡		×	×-×	×	×			×			×	×			
直接 4 挡			×-×	×				×		×	×				
直接 5 挡	×		×-×	×	×					×	×	×			
2,1 挡	×			×		×		×					×	×	×
D,5 挡到 4 挡	×		×	×	×		×	(×)		×	×	(×)			

1 挡时，TCM 通过控制电磁阀 EV4 使离合器 K2 分离，单向轮参加工作，行星齿轮架固定不动，动力传递由涡轮轴→离合器 K1→小太阳齿轮→短行星齿轮→长行星齿轮→齿圈。

2 挡时，电磁阀 EV4 使离合器 K2 分离，制动器 B2 由电磁阀 EV2 控制将大太阳齿轮制动。动力传递由涡轮轴→离合器→小太阳齿轮→短行星齿轮→长行星齿轮→齿圈。

3 挡时，离合器 K1 和 K2 接合，小太阳齿轮和大太阳齿轮被同时驱动，由于 2 个太阳齿轮的直径不同，行星齿轮组被固定，整个行星齿轮组就作为一个整体输出动力。

变速器处于机械 3 挡时，TCM 控制电磁阀 EV3 使离合器 K3 接合，直接驱动行星齿轮架，手动阀控制离合器 K1、K2 接合，行星齿轮组被锁定，动力直接通过离合器 K3 传递。

4 挡时，自动变速器控制模块控制电磁阀 EV1 和 EV4，使离合器 K1 和 K2 分离，同时控制电磁阀 EV2 使制动器 B2 接合。这样，动力通过离合器 K3 驱动行星齿轮架绕大太阳齿轮旋转，此时大太阳齿轮被固定，动力得以通过齿圈输出。

倒挡时，阀体手动阀供给离合器 K2 和制动器 B1 压力，离合器 K2 驱动大太阳齿轮，制动器 B1 制动行星齿轮架，动力传递经离合器 K2→大太阳齿轮→长行星齿轮→齿圈。

思考题

1. 变速器维修的基本工艺流程是什么？
2. 什么是自动变速器的失速测试？
3. 如何进行自动变速器的时滞试验？

任务三　汽车传动系统维修

技能与学习要求

1. 能根据车辆使用手册要求，检查汽车万向传动装置的主要零部件；
2. 能根据车辆使用手册要求，实施万向传动装置的主要零部件更换作业；
3. 工作中注重培养独立思考、一丝不苟的工作作风与创新精神。

任务描述

查阅车辆使用手册，规范完成万向传动装置主要零部件的检查与更换作业。

内容与操作步骤

1. 万向传动装置主要零部件的检查

(1) 检查传动轴等速万向联轴器密封情况　在汽车使用过程中，如果万向传动装置中的防尘罩破损，将会使尘土等污染物进入万向联轴器内，导致万向联轴器异常磨损而早期损坏。因此，在汽车维护时，应该认真检查传动轴防尘罩是否有破损现象，如出现破损，应拆解万向联轴器以确定是否需要更换。传动轴等速万向联轴器的分解如图 2-30 所示。

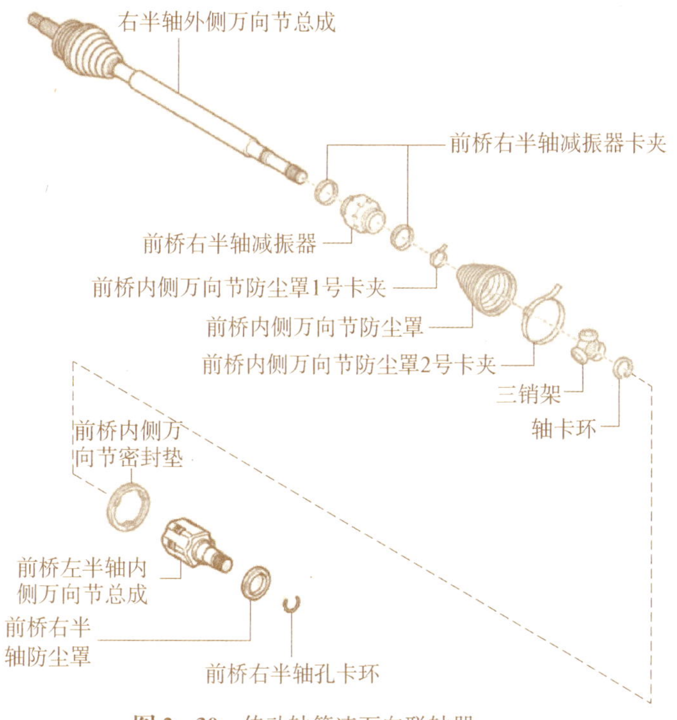

图 2-30　传动轴等速万向联轴器

(2) 检查传动轴的技术状况　在使用过程中，传动轴出现异响，通常为万向联轴器缺少润滑油、万向联轴器内球及球轨道磨损等原因造成的，应拆检传动轴，必要时更换万向联轴器。传动轴的损伤形式主要有弯曲、凹陷或裂纹等。传动轴损伤导致汽车的常见故障是，汽车在行驶中发出周期性的响声，响声随着车速的升高而增大，甚至还有可能伴随车身的振动。传动轴检查的项目主要有以下几个内容。

① 目视检查传动轴是否有裂纹。

② 检查传动轴是否有弯曲变形，如有应更换。检查传动轴弯曲时，可用 V 型铁架起传动轴，用百分表在轴中间部位测量，其径向跳动量应符合表 2－2 的规定，否则应更换。

表 2－2　传动轴径向跳动公差　　单位：mm

轴长	≤600	600～1 000	>1 000
径向跳动公差	0.60	0.80	1.00

③ 检查传动轴的花键与其啮合副的配合间隙。轿车的间隙不应大于 0.15 mm，装配后应能滑动自如。若间隙超过规定值，应更换。

(3) 检查万向节技术状况　万向节的主要损伤形式是磨损、锈蚀及松旷，其损伤导致的车辆故障形式为：汽车起步或突然改变车速时，传动轴发出“吭”的响声；在汽车缓行时，发出“咣当、咣当”的响声。球笼式万向节检查项目主要包括以下几个内容：

① 检查球笼是否锈蚀，沟槽是否有严重的磨损，如有应更换万向节。

② 检查钢球表面是否光滑、色泽明亮，如出现麻点、球面灰暗等情况，更换万向节。

2. 传动轴（前桥驱动）防尘罩更换作业

(1) 拆卸左传动轴(半轴)　拆卸步骤：

① 拆卸前轮、发动机底罩，拆卸发动机后部左、右侧底罩；

② 排净手动传动桥油液；

③ 如图 2－31 所示，依次拆卸前桥轮毂螺母、前稳定杆连杆总成、前轮转速传感器、前挠性软管、左前盘式制动器总成、前制动盘、横拉杆接头分总成、前悬架下臂、前桥总成；

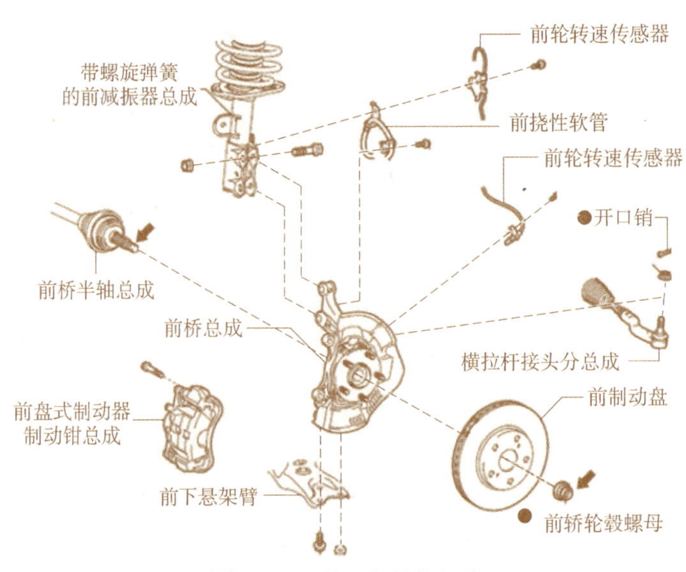

图 2－31　前悬架结构组成

④ 使用专用工具拆卸前桥左半轴总成，如图 2－32 所示；

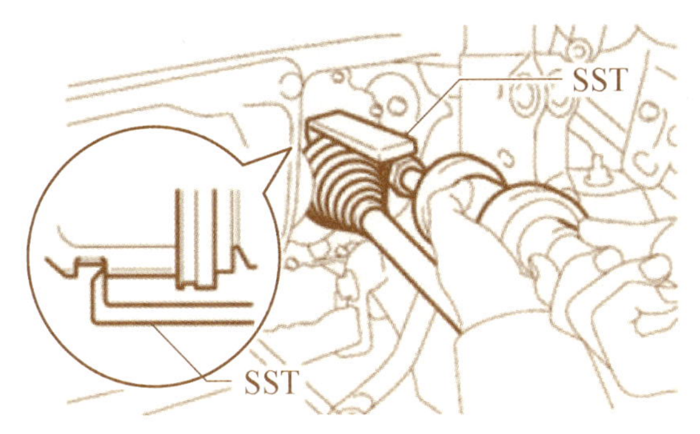

图 2－32　拆卸前桥左半轴

⑤前桥左、右半轴总成，如图 2－33 所示；

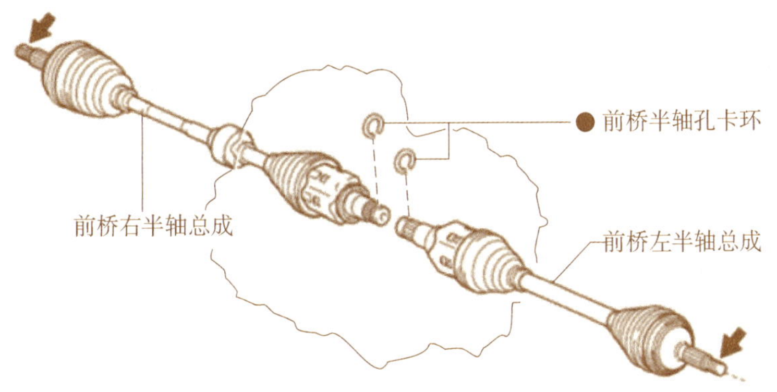

图 2－33　前桥左、右半轴总成

(2) 左传动轴(半轴)分解　按图 2－34 和图 2－35 所示，拆解内外两侧左半轴总成。

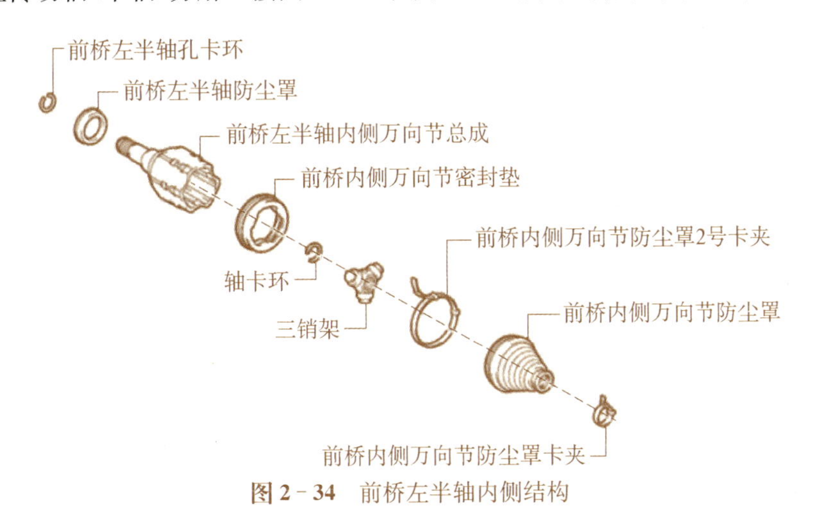

图 2－34　前桥左半轴内侧结构

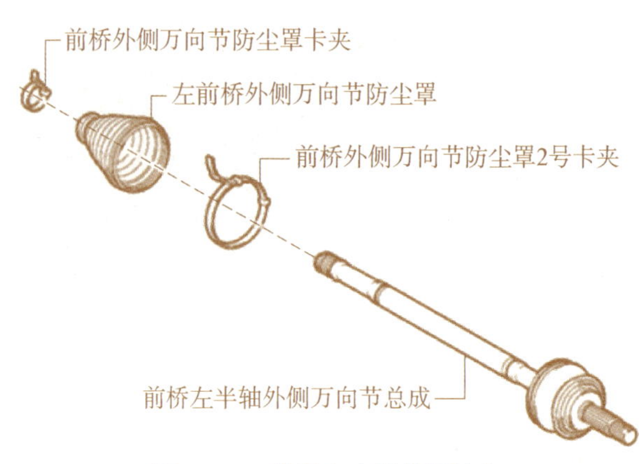

图 2－35　前桥左半轴外侧结构

① 拆卸前桥外侧万向节防尘罩卡夹，如图 2－36 所示，用螺丝刀松开防尘罩卡夹的锁紧部件并分离防尘罩卡夹。

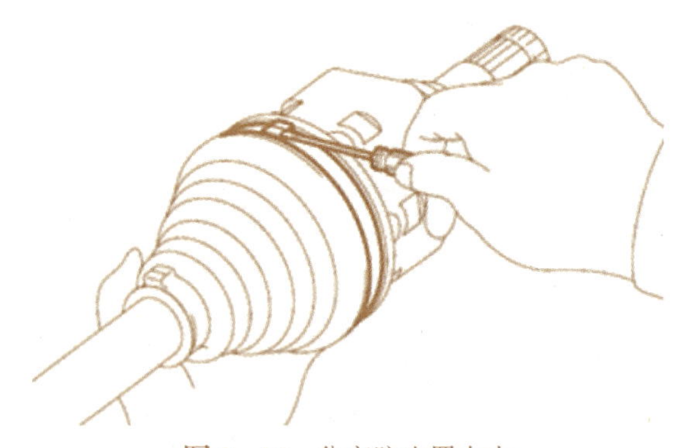

图 2－36　分离防尘罩卡夹

② 分离前桥内侧万向节防尘罩。将内侧万向节防尘罩从内侧万向节密封垫上分离。

③ 拆卸前桥左半轴内侧万向节总成。清除内侧万向节上的所有旧的润滑脂，在内侧万向节轴上做好装配标记，如图 2－37 所示。

④ 将内侧万向节从外侧万向节轴上拆下。

⑤ 如图 2－38 所示，在台钳上的两个铝箔之间夹住外侧万向节轴，使用卡环钳，拆下轴卡环。

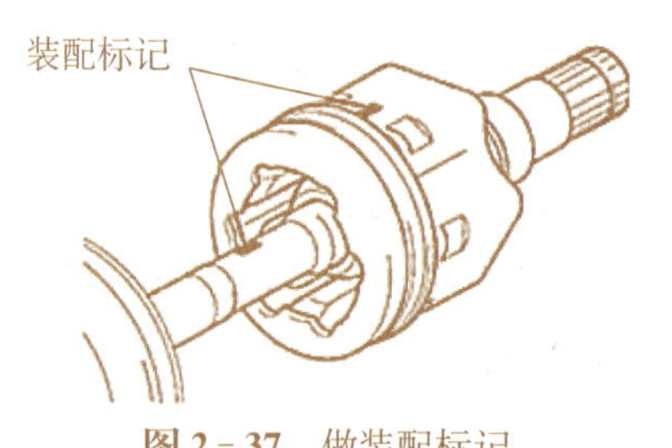

图 2－37　做装配标记

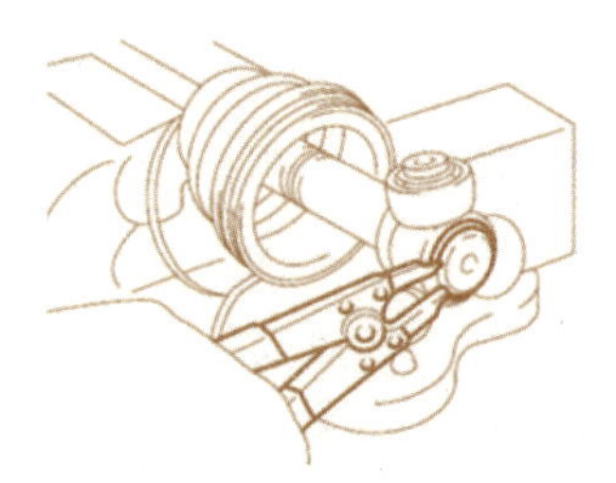

图 2－38　拆下轴卡环

⑥ 在外侧万向节轴和三销架上设置装配标记。用铜棒和锤子从外侧向万向节轴上敲

出三销架，如图 2－39 所示。

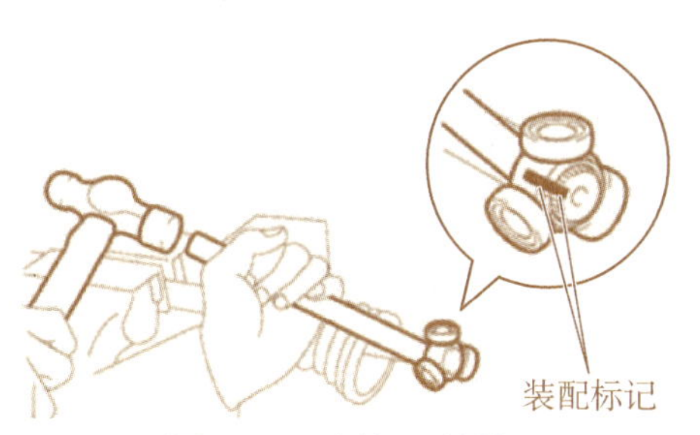

图 2－39　拆卸三销轴

⑦ 拆卸前桥内侧万向节密封垫。将内侧万向节密封垫从内侧万向节上拆下。

⑧ 拆卸前桥内侧万向节防尘罩。拆下内侧万向节防尘罩，内侧万向节防尘罩 2 号卡夹和内侧万向节防尘罩卡夹。

⑨ 拆卸前桥外侧万向节防尘罩卡夹。拆卸左前桥外侧万向节防尘罩，从外侧万向节轴上拆下外侧万向节防尘罩，清除外侧万向节上的所有旧的润滑脂。

⑩ 拆卸前桥左半轴孔卡环。用螺丝刀拆下孔卡环，如图 2－40 所示。

⑪ 拆卸前桥左半轴防尘罩，使用专用工具和压力机，压出半轴防尘罩。如图 2－41 所示。

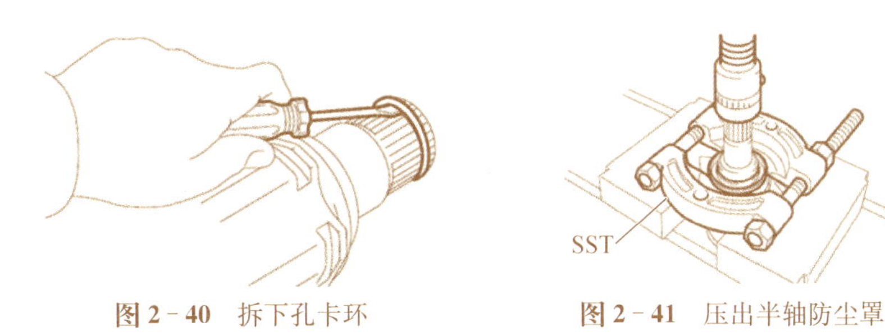

图 2－40　拆下孔卡环　　图 2－41　压出半轴防尘罩

(3) 装配前桥半轴　装配步骤：

① 安装前桥左半轴防尘罩。如图 2－42 所示，使用专用工具和压力机，压进一个新的半轴防尘罩。

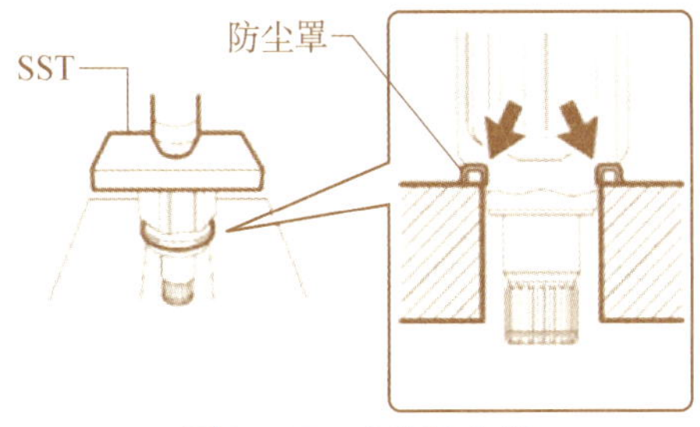

图 2－42　安装防尘罩

② 安装一个新的前桥左半轴孔卡环。

③ 安装左前桥外侧万向节防尘罩(左侧)。用保护性胶套缠绕外侧万向节轴的花键。

④ 按照以下顺序，将新的零件安装到外侧万向节上：2 号外侧万向节防尘罩卡夹、外侧万向节防尘罩、外侧万向节防尘罩卡夹，用防尘罩维修组件中的润滑脂涂抹外侧万向节轴和防尘罩，标准润滑脂用量为 135～145 g。

⑤ 将外侧万向节防尘罩安装在外侧万向节轴槽上。

⑥ 安装前桥外侧万向节防尘罩 2 号卡夹(左侧)。将防尘罩卡夹安装到外侧防尘罩套上并暂时将杆折回。折回前，检查箍带和杆是否变形。

⑦ 朝工作面按压外侧万向节，同时把身体重量放到手上，并向前转动外侧万向节。转动外侧万向节并折叠杆，直至听到咔嗒声，如图 2-43 所示。

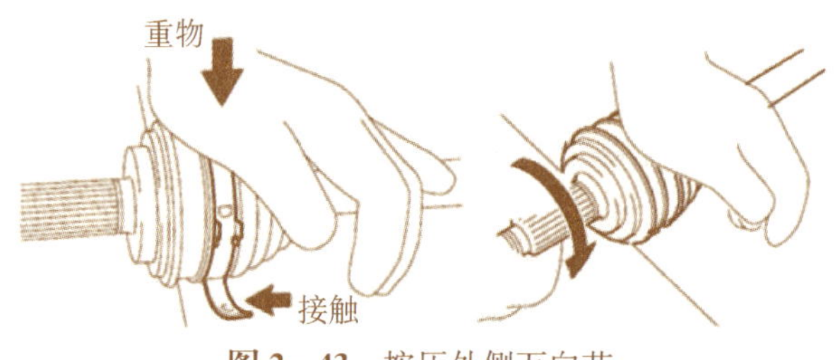

图 2-43 按压外侧万向节

⑧ 调整杆和槽之间的间隙以使锁扣和杆端之间的间隙均匀，同时用橡胶锤敲击，将锁扣固定，如图 2-44 所示。

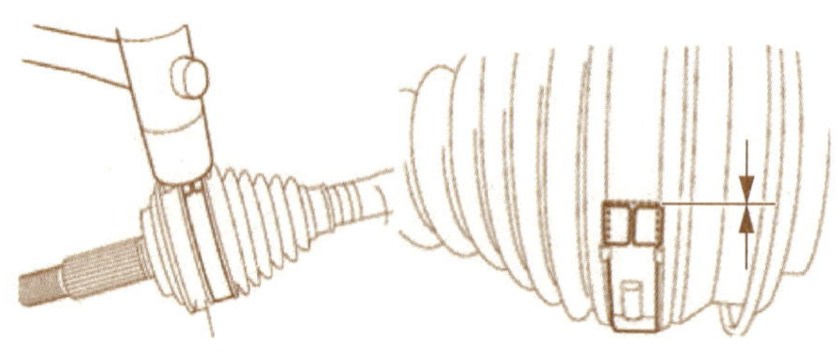
图 2-44 安装外侧万向节防尘罩

⑨ 安装前桥外侧万向节防尘罩卡夹(左侧)。将防尘罩卡夹安装到外侧万向节防尘罩上并暂时将杆折回。用水泵钳子捏住防尘罩卡夹，暂时将其固定，如图 2-45 所示。

图 2-45 安装前桥外侧万向节防尘罩卡夹

⑩ 调整杆和槽之间的间隙，使锁扣边缘和杆端之间的间隙均匀，同时用橡胶锤敲击锁扣将其固定，如图 2-46 所示。

⑪ 暂时安装前桥内侧万向节防尘罩。

⑫ 安装前桥内侧万向节密封垫。将一个新的万向节密封垫安装到内侧万向节槽上。

图 2-46 调整杆和槽之间的间隙

⑬ 安装前桥左半轴内侧万向节总成。如图 2-47 所示，使三销架轴向花键的斜面朝向外侧万向节。对准之前做好的装配标记，用铜棒和锤子，把三销式万向节敲进驱动轴。用防尘罩维修组件中的润滑脂涂抹内侧万向节。

⑭ 如图 2-48 所示，使用卡环钳安装一个新的半轴卡环。对准装配标记，将内侧万向节安装至外侧万向节轴。

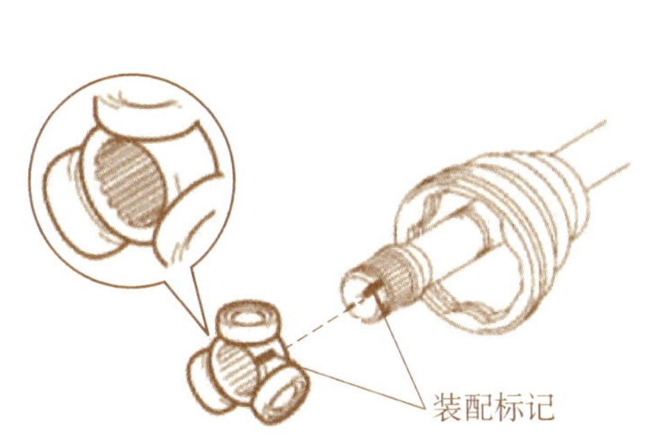

图 2-47 安装前桥左半轴内侧万向节

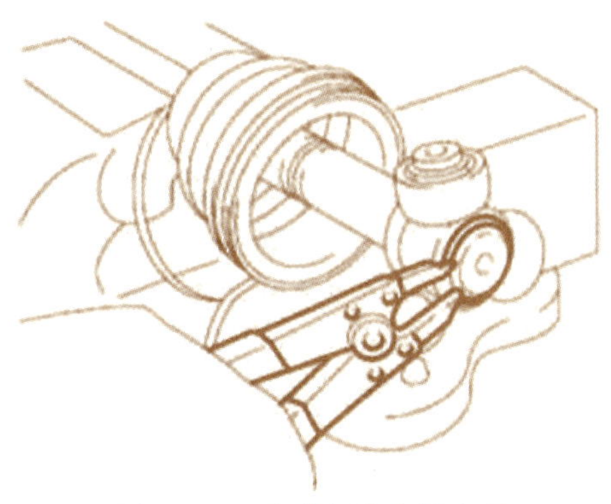

图 2-48 安装新的半轴卡环

⑮ 安装前桥内侧万向节防尘罩。将内侧万向节防尘罩安装至内侧万向节密封垫和外侧万向节轴的槽中。

⑯ 安装前桥内侧万向节防尘罩卡夹。

（4）安装左侧半轴总成 按照步骤：

① 安装前桥左半轴总成。在内侧万向节花键上涂齿轮油。对准轴花键，用铜棒和锤子敲进驱动轴。

② 安装前桥总成：前悬架下臂、前稳定杆连接、横拉杆球头分总成、前制动盘、前盘式制动器制动钳总成、前挠性软管、前轮转速传感器。

③ 安装前桥轮毂螺母。清洁驱动轴上的带螺纹零件和车桥轮毂螺母。安装新的车桥轮毂螺母，拧紧力矩为 216 N·m，用冲子和锤子锁紧前桥轮毂螺母，如图 2-49 所示。

④ 加注并检查手动传动桥油。

⑤ 安装前轮，检查并调整前轮定位，检查转速传感器信号。

⑥ 安装发动机后部左右侧底板及号底板。

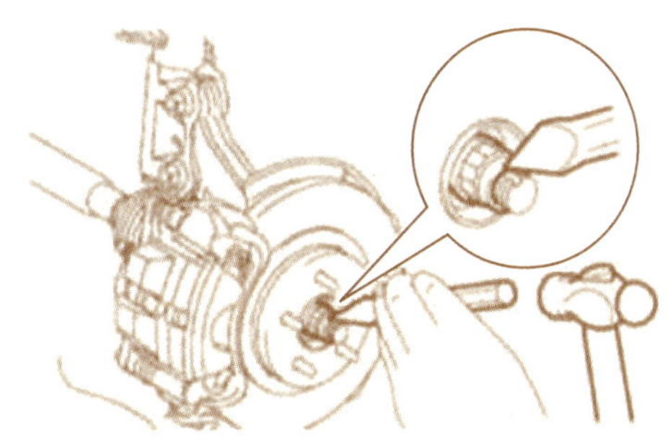

图 2-49 锁紧前桥轮毂螺母

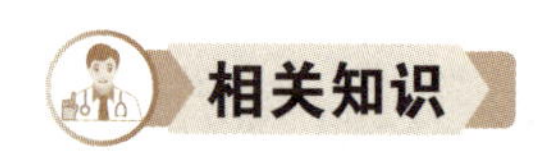

相关知识

万向传动装置的结构与工作原理

1. 万向传动装置的功用与组成

万向传动装置一般由万向节和传动轴组成。对于传动距离较远的分段式传动轴，为了提高传动轴的刚度，还需要设置中间支承。万向传动装置的功用是在轴线相交且相互位置经常发生变化的两根转轴之间传递动力。在发动机前置前轮驱动的汽车中，传动轴通常制成分段式，用在转向驱动桥和断开式驱动桥中，用于连接差速器和驱动轮，这种传动轴通常也被称为半轴，如图 2－50 所示。

图 2－50　传动轴(分段式)

半轴是在差速器与驱动轮之间传递动力的实心轴，其内端花键与差速器的半轴齿轮相连接，而外端则用凸缘与驱动轮的轮毂相连接；半轴齿轮的轴颈支承在差速器壳两端轴颈的孔内，而差速器壳又以其两侧轴颈借助轴承直接支承在主减速器壳上。

2. 万向节的功用与结构

万向节是实现转轴之间变角度传递动力的基本部件，按照其速度特性可分为不等速万向节、准等速万向节和等速万向节 3 种形式。准等速万向节和等速万向节主要用于发动机前置前轮驱动的内、外半轴之间。

(1) 球面滚轮式万向节　球面滚轮式万向节由外座圈、球面滚轮、枢轴、输出轴等组成，如图 2－51 所示。

(2) 球笼式万向节　球笼式万向节的星形套以内花键与主动轴相连，其外表由 6 条凹槽，形成内滚道。球形壳的内表面有相应的 6 条凹槽，形成外滚道。6 个传力钢球分别装在 6 条凹槽中，并由保持架使之保持在一个平面内。动力由主轴颈经传力钢球、球形壳输出，如图 2－52 所示。

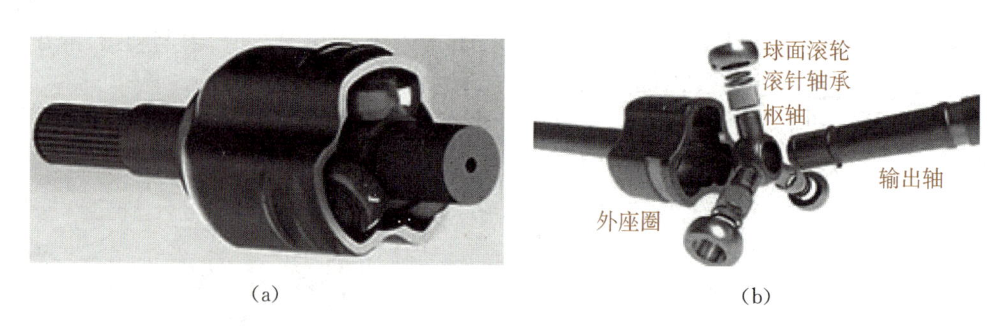

图 2－51　球面滚轮式方向节

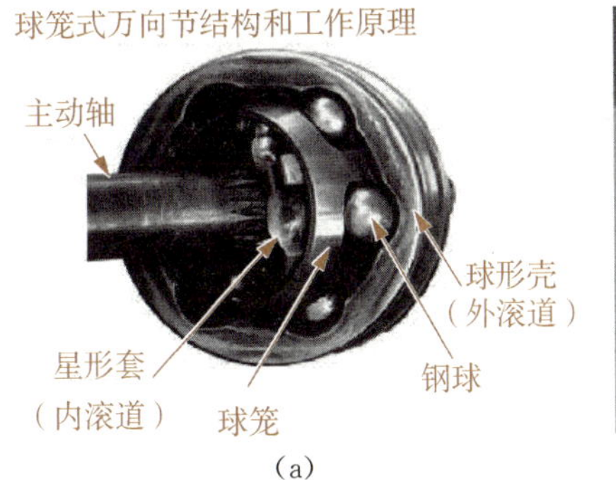

(a)

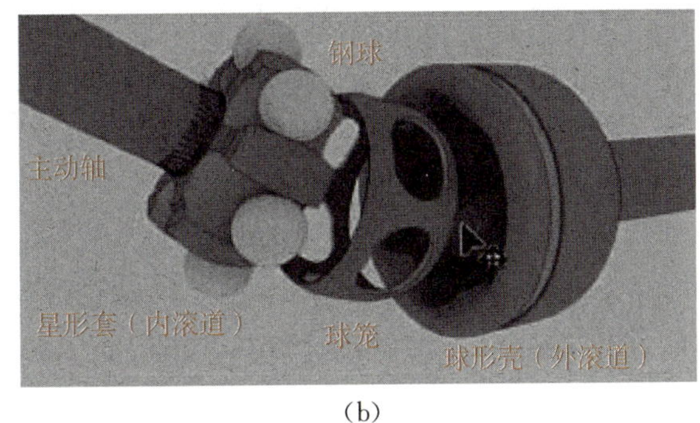

(b)

图 2－52　球笼式万向节

3. 等速万向节的等速原理

等速万向节等速传动的依据是锥齿轮等速传动的原理。如图 2－53(a)所示，两个同样的锥齿轮相互啮合传动，从动轮与主动轮的转速必然是相同的。当万向节的主动轴与从动轴之间的传力点一直处于主动轴线与从动轴线夹角的平分线上(或者说传力点距这两轴线的距离相等)时，必然能实现等速传动。

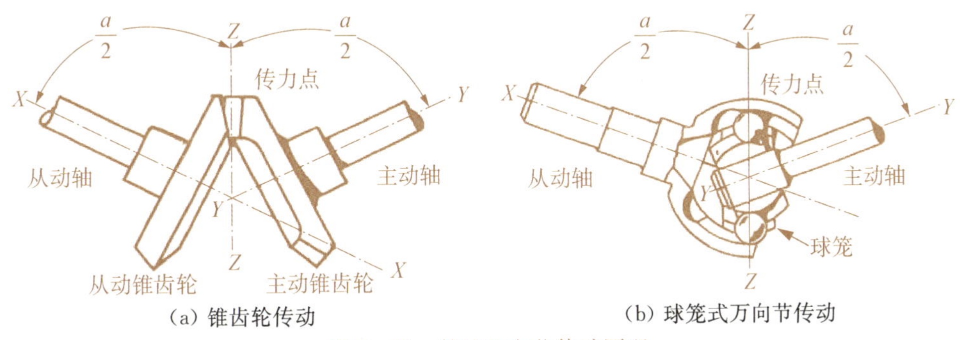

(a) 锥齿轮传动　(b) 球笼式万向节传动

图 2－53　等速万向节传动原理

任务四　新能源汽车动力系统维修

技能与学习要求

1. 能根据新能源汽车维修手册要求，独立操作，规范地完成混动发动机检查维护作业；
2. 能根据新能源汽车维修手册要求，协助操作，规范地完成混动发动机机械和电控系统检测维修作业；
3. 增强科技强国意识和文化自信，培养科技兴国的勇气和责任感。

任务描述

能查阅车辆使用手册，规范完成：

1. 找到新能源汽车动力系统各零部件的安装位置、高低压线束及插接件位置；
2. 能正确完成电动机控制器维护工作；
3. 能正确更换或添加冷却液；
4. 能正确更换 PEB 总成；
5. 能正确检查电驱动系统冷却液过热。

内容与操作步骤

禁止未参加该车型高压系统知识培训的维修人员拆解高压系统，包括高压蓄电池、电机、电力电子模块、高压配电单元、高压线束、电动空调压缩机、车载充电器、充电口和交流充电线。当拆解或装配高压配件时，必须断开 12 V 电源、高压电池包上的手动维修开关。

在开始维修作业前，维修人员必须穿戴好劳保用品：戴好绝缘手套，穿好高压绝缘鞋。在戴绝缘手套前，必须检查绝缘手套是否有破损，要确保手套无绝缘失效。在维修之前，取下身上佩戴的各种首饰，如指环、项链、手表和其他金属物，防止被电伤。在安装和拆卸的过程中，应防止制动液、洗涤液、冷却液等液体进入或飞溅到高压部件上。

1. PEB 拆卸

拆卸步骤：

(1) 关闭点火钥匙，车辆静置 5 分钟以上，才可拆卸作业。

注意 正常情况下，在钥匙开关关闭后，高压系统还存在高压电。这是由电力电子箱(PEB)中高压电容造成的，需要经过一段时间的等待，高压电容中的电能才能完全释放。

(2) 断开蓄电池负极。

(3) 拆下手动维修开关。

(4) 拆下前储物盒支架。

(5) 排空冷却液。

(6) 断开车身线束到 PEB 的连接器，如图 2-54 所示。

(7) 断开 PEB 上的进水管和出水管。

(8) 拆下将 PEB 接地线固定到 PEB 上的 1 个螺栓，并移开接地线，如图 2-55 所示。

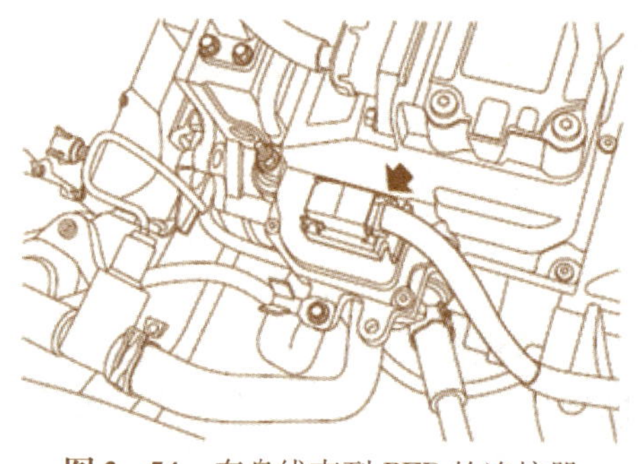

图 2-54 车身线束到 PEB 的连接器

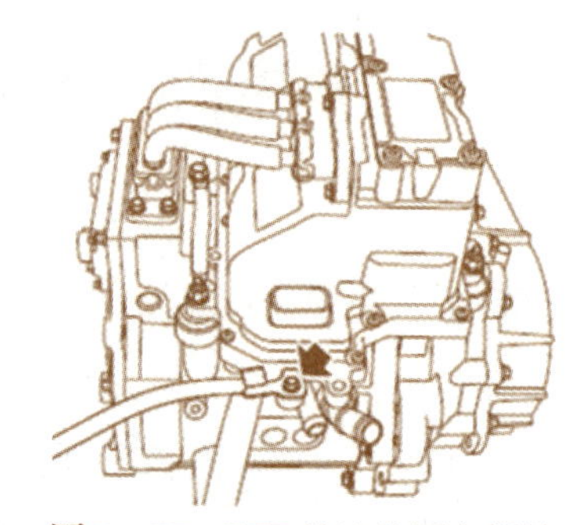

图 2-55 PEB 接地线固定螺栓

(9) 拆下 PEB 端的 PEB 高压线束。

(10) 拆下将驱动电机的高压线束固定到 PEB 壳体上的 3 个螺栓，如图 2-56 所示。

(11) 拆下将驱动电机的高压线束固定到 PEB 内的 3 个螺栓，并移开高压线束。

(12) 拆下将 PEB 总成固定到 EDU 上的 2 个螺母。

(13) 拆下将 PEB 固定到驱动电机上的 1 个螺母。

(14) 拆下将驱动电机接地线固定到 PEB 上的 1 个螺母,并移开接地线,如图 2-57 所示。

(15) 在协助下,拆下 PEB 总成。

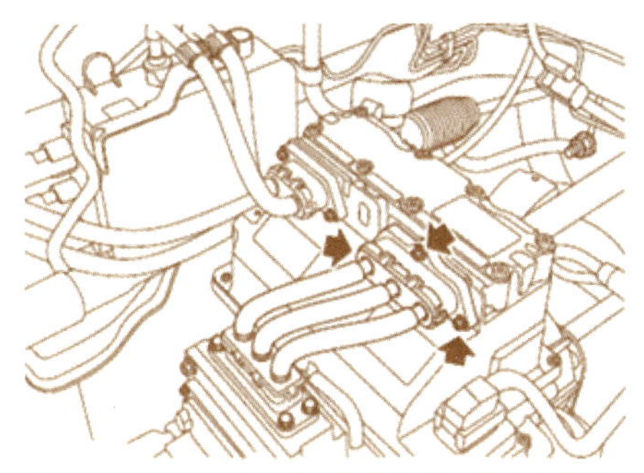

图 2-56 驱动电机的高压线束固定螺栓

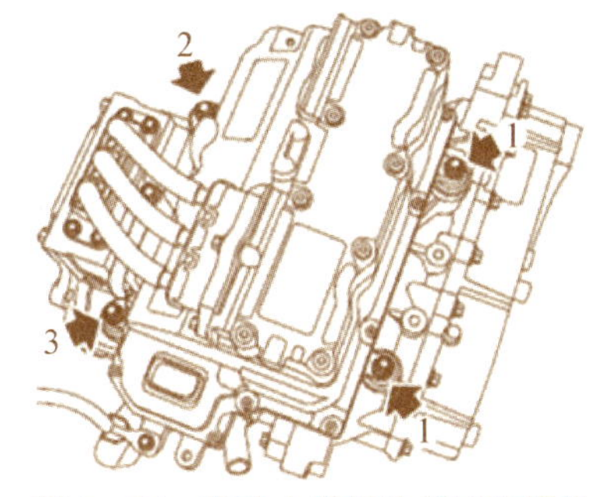

图 2-57 驱动电机接地线固定螺母

2. 排空和加注 PEB 冷却液

(1) 排空

① 拆下前舱装饰盖。

② 断开蓄电池负极。

③ 拆下手动维修开关。

④ 将湿抹布覆盖在膨胀壶盖上,并拧开壶盖。

警告 溢出的蒸汽或冷却液会造成诸如烫伤之类的伤害,所以当冷却系统还热时,不要打开膨胀箱盖。

⑤ 拆下底部导流板。

(2) 加注

① 装上排水阀。

② 装上底部导流板。

③ 准备好规定浓度的冷却液。

④ 加注冷却系统,直到冷却液到达膨胀壶 MIN 和 MAX 之间并保持静止。

⑤ 装上手动维修开关。

⑥ 连接蓄电池负极。

⑦ 需要转动水泵来排除冷却系统中的空气,具体步骤请见下方。

⑧ 连接诊断仪。

⑨ 操作电驱系统(VDS)冷却液加液排气。

⑩ 观察壶中冷却液的流动(流通表示水泵并非在空转)。

⑪ 保持冷却液流动 20～30 分钟。这个过程中膨胀箱中液位偏少时可以添加。

⑫ 当膨胀箱中的冷却液液位没有变化时,断开诊断仪。

⑬ 检查冷却液液位是否在 MIN 和 MAX 之间。如果液面位置不符合,将冷却液加满或放至 MIN 和 MAX 之间。

⑭ 装上膨胀壶盖。

⑮ 装上前舱装饰盖。

3. 检查电驱动系统冷却液过热情况

检查步骤见表 2 - 3。

表 2 - 3 电驱动系统冷却液过热检查

测试步骤	细节/结果/措施
1. 检查冷却液	检查冷却液是否缺失或性能失效，必要时更换冷却液。 维修/更换后，确认故障症状是否消失： ● 是→诊断结束； ● 否→转至步骤 2
2. 检查冷却风扇总成及相关线束	检查冷却风扇总成及相关线束能否正常工作，必要时，维修/更换冷却风扇总成及相关线束。 维修/更换后，确认故障症状是否消失： ● 是→诊断结束； ● 否→转至步骤 3
3. 检查散热器	检查散热器是否脏堵或泄漏，必要时清理散热器或更换散热器。 维修/更换后，确认故障症状是否消失： ● 是→诊断结束； ● 否→转至步骤 4
4. 检查膨胀水箱	检查膨胀水箱是否泄漏，必要时更换膨胀水箱。 维修/更换后，确认故障症状是否消失： ● 是→诊断结束； ● 否→转至步骤 5
5. PEB 冷却水泵继电器	检查 PEB 冷却水泵继电器能否正常工作，必要时维修/更换 PEB 冷却水泵继电器。 维修/更换后，确认故障症状是否消失： ● 是→诊断结束； ● 否→转至步骤 6
6. PEB 冷却水泵及相关线束	检查 PEB 冷却水泵及相关线束能否正常工作，必要时，维修/更换 PEB 冷却水泵及相关线束。 维修/更换后，确认故障症状是否消失： ● 是→诊断结束； ● 否→转至步骤 7
7. 检查冷却系统管路	检查冷却系统管路是否堵塞或泄漏，必要时维修/更换。 维修/更换后，确认故障症状是否消失： ● 是→诊断结束； ● 否→转至步骤 8
8. 检查导风罩	检查导风罩是否变形、破损，必要时更换冷却系统导风罩总成。 更换后，确认故障症状是否消失： ● 是→诊断结束； ● 否→转至步骤 9
9. 直流直流转换器	检查直流直流转换器是否脏堵或泄漏，必要时维修/更换。 维修/更换后，确认故障症状是否消失： ● 是→诊断结束； ● 否→转至步骤 10

（续表）

测试步骤	细节/结果/措施
10. 电子电力箱	检查电子电力箱是否脏堵或泄漏，必要时维修/更换。 维修/更换后，确认故障症状是否消失： ● 是→诊断结束； ● 否→转至步骤11
11. 电驱动变速器	检查电驱动变速器是否脏堵或泄漏，必要时维修/更换。 维修/更换后，确认故障症状是否消失： ● 是→诊断结束； ● 否→转至步骤12
12. 充电器	检查充电器是否脏堵或泄漏，必要时维修/更换。 维修/更换后，确认故障症状是否消失： ● 是→诊断结束； ● 否→检查其他可能原因

相关知识

1. 动力系统概述

动力驱动系统主要包括驱动电机和电力电子箱。驱动电机为三相永磁同步交流电机，接受PEB的控制，为车辆提供动力。电力电子箱PEB(power electronic box)，是控制驱动电机的电器组件，在高速CAN上与VCU、IPK、BCM等控制器通信。PEB接收VCU的扭矩命令，控制驱动电机。电力电子箱控制器带有自诊断功能，确保系统安全运行。

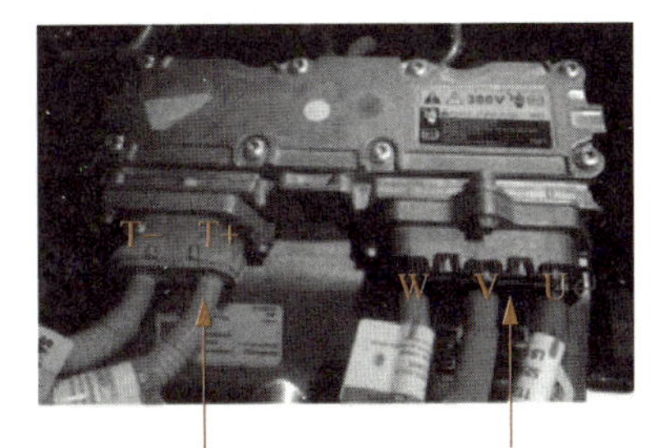

图2-58　逆变器

电力电子箱系统内部集成逆变器，如图2-58所示。

动力系统布置图如图2-59所示。

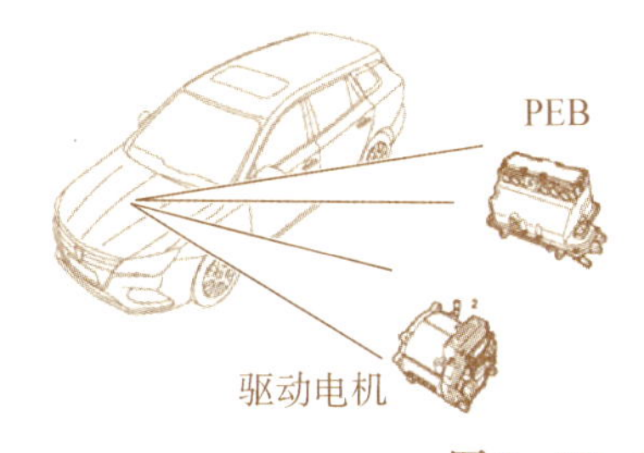

图2-59　系统布置

2. 电力电子箱

TM电机控制器根据VCU信号，高精度与高效能地调节扭矩和速度。PEB实时向仪表显示(IPK)发送电机与逆变器温度信号，当温度超过限制时，仪表将点亮报警灯。PEB发出冷却需求给VCU，VCU控制冷却水泵；当点火钥匙在KL15位置，高压上电，水泵打开，根据温度调节开度。冷却液的温度应该控制在65℃以下，当冷却液温度超过85℃时，电力电子箱将停止工作。

3. 电池管理系统

PEB 根据电池管理系统(BMS)传递的参数信号为电池提供保护。这些参数信息包括最大充电电流、最大放电电流、最大峰值电压、最小峰值电压。当 BMS 断开 HV 的连接时，PEB 会释放电容中的电量。

4. 整车控制单元

整车控制单元(VCU)监测计算 TM 电机所需的扭矩，并将此扭矩信号发给 PEB；PEB 控制对 TM 电机输出扭矩的控制驱动车辆。

VCU 同时检测计算 TM 电机所需的转速，并将此转速信号发给 PEB；PEB 控制 TM 电机转速驱动车辆。系统控制如图 2-60 所示。

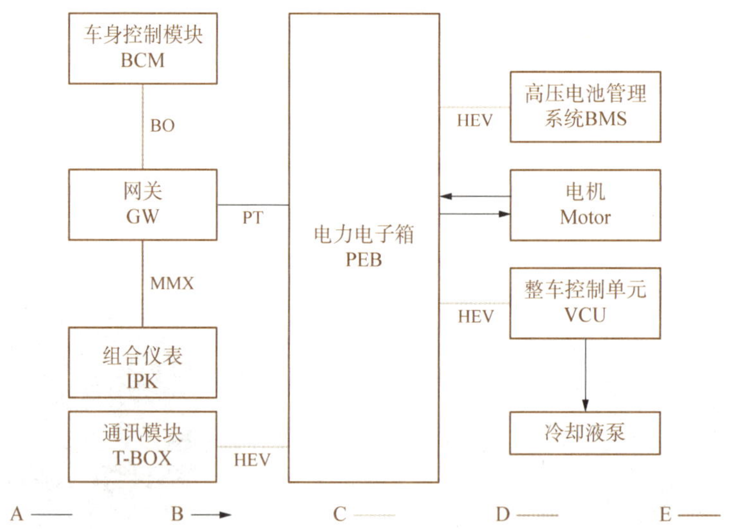

图 2-60 系统控制图

5. 驱动电机

(1) 电机结构 驱动时用作电动机，能量回收时用作发电机，整机分解如图 2-61 所示。

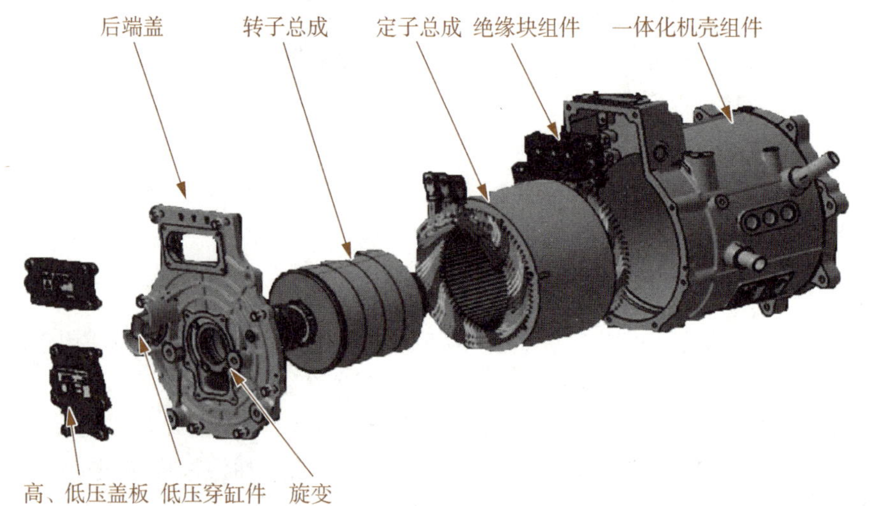

图 2-61 驱动电机结构

电机接口如图 2-62 所示，与 PEB、减速器集成为 EDU 总成，前舱右侧横置驱动。

(2) 电机转子　驱动电机主要有定子、转子、旋转变压器等组成。该电机为内嵌式永磁同步三相交流电机，如图 2-63 所示。

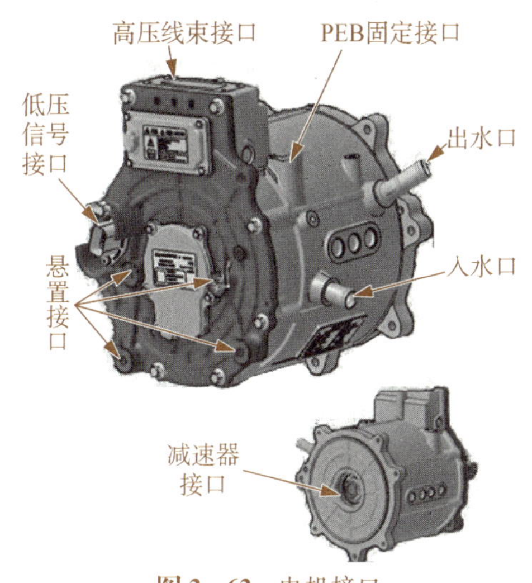

图 2-62　电机接口

图 2-63　内嵌式永磁同步三相交流电机

电机的转子是磁钢内嵌式，N/S 极沿圆周方向交替排列。永久励磁目前多用稀土永磁材料。

驱动电机运行时，三相电枢电流合成产生一个同步转速的旋转磁场。定子磁场和转子磁场相互作用，产生转矩。作为发电机使用时，转子作为主动件，转子磁场的磁力线顺序切割定子的每相绕组，在三相定子绕组内感应出三相交流电动势。转子磁场的强弱和转速直接影响定子绕组的感应电压。

(3) 电机定子　定子线圈也叫定子绕组或电枢绕组，由三组绕组组成，连接方式为星形接法。定子中通过三相电流时，定子中会产生幅值恒定的旋转磁场，其转速取决于三相电流的频率。旋转磁场与转子永磁体的磁场相互作用，从而产生电磁转矩。在作为起动机转动时，PEB 需要知道转子的位置、角度和转速。PEB 通过控制三相绕组交流电通电的顺序控制转子的转动方向，通过 PWM 方式和交流信号频率精确控制驱动的转矩和转速。

实测相间电阻数据如图 2-64 所示：U 相和 V 相之间的电阻为 0.12 Ω；U 相和 W 相之间的电阻为 0.12 Ω；V 相和 W 相之间的电阻为 0.12 Ω。

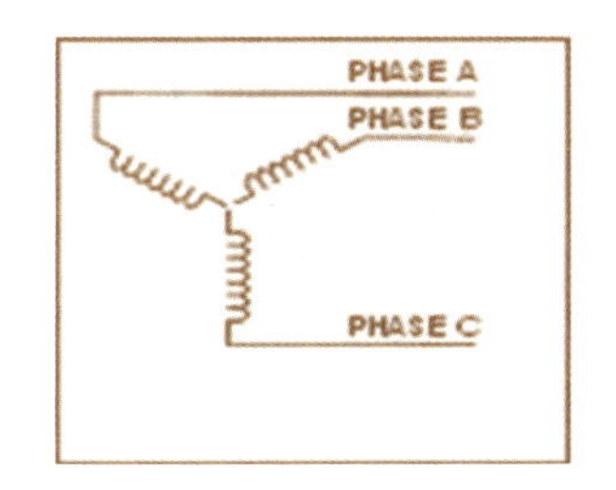

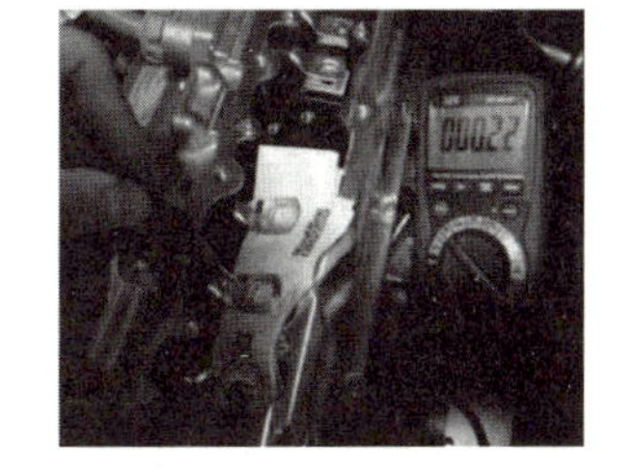

图 2-64　实测相间电阻

6. 旋转变压器

图 2-65 旋转变压器

(1) 元件位置 旋转变压器位于驱动电机前端。由 3 个线圈和一个 4 凸轮转子构成,如图 2-65 所示。

(2) 旋转变压器作用 用来检测转子的转速和角位置,信号输入给 PEB。一旦信号发生错误,PEB 将停止对混动电机定子磁场的控制。

(3) 工作原理 单相激励双相输出的无刷旋转变压器。旋转变压器信号输出给 PEB。3 个线圈都按一定规律绕在旋转变压器的定子上,转子的转动可用调幅方式加载到输出波形上。旋转变压器的工作原理与普通变压器本质一样,只是由于转子旋转,定子励磁绕组和定子输出绕组之间互感叠加自感,从而使输出电压与转子成正弦或余弦关系。PEB 根据旋转变压器输出的正余弦信号可以计算转子的位置和角速度。

7. 高压互锁开关

车辆的高压电缆连接器和高压元器件的端盖内有高压互锁开关,如图 2-66 所示。

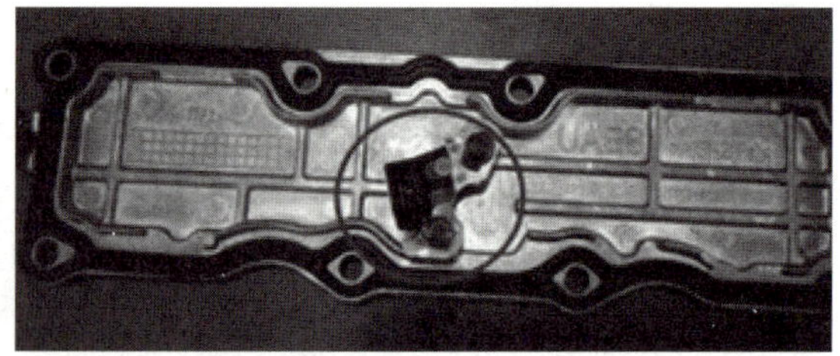

图 2-66 高压互锁开关

高压互锁开关的工作原理是当未断开高压电缆连接器或未打开高压元器件的端盖时,开关是导通的;当断开高压电缆连接器或打开高压元器件的端盖时,开关是断开的。比如驱动电机三相电缆高压盖板侧开关实质就是短路器。

当高压互锁开关断开时,现象如下:

(1) 动力系统故障警告灯、高压电池切断警告灯点亮;

(2) 车辆准备就绪灯"READY"熄灭;

(3) 车辆不能启动与行驶,高压互锁开关起到监视和保护作用,避免高压电引起事故或损害扩大。

8. 动力系统警示灯

电机过热警告灯为红色,如图 2-67 所示,当电机温度过高时,该警告灯点亮,信息中心显示"电机过热",并伴有警告音。应立即联系新能源汽车授权售后服务中心检修。

高压电池包切断警告灯为黄色,如图 2-68 所示,当点火开关位于 ON 位置时,该灯点亮进行系统自检,并于自检结束后熄灭。高压电池包连接后该灯不点亮。当该指示灯点亮时,表示高压电池包已经切断,信息中心显示"动力蓄电池切断",并伴有警告音。

高压电池包故障警告灯为红色,如图 2-69 所示。当高压电池包存有故障时,该灯点亮,信息中心显示"动力蓄电池故障",并伴有警告音。应尽快联系新能源汽车授权售后服务

中心检修。当高压电池包过温时，该灯闪烁，信息中心显示“请赶紧离开车辆”，应在安全许可的条件下立即停车并联系新能源汽车授权售后服务中心检修。

图 2-67　过热警告灯-红色

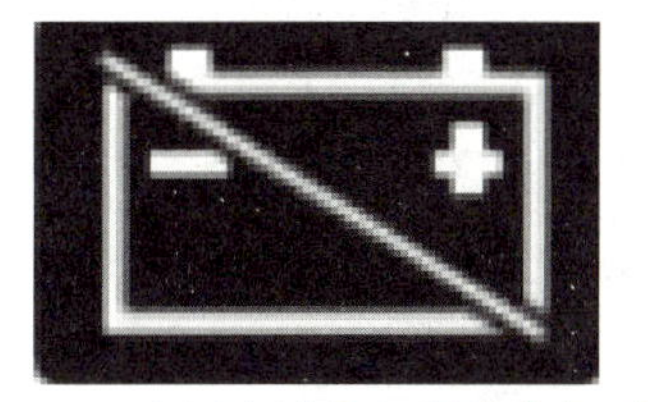

图 2-68　高压电池包切断警告灯-黄色

高压电池包电量低警告灯为白色/黄色，如图 2-70 所示。正常状态下，该灯点亮为白色。当电量低时，该灯点亮为黄色，信息中心显示“电量低，请充电”。随着电量持续下降，该灯点亮为黄色并闪烁，信息中心显示“电量低，请充电”。应尽可能在高压电池包电量低警告灯闪烁之前，补充电量。

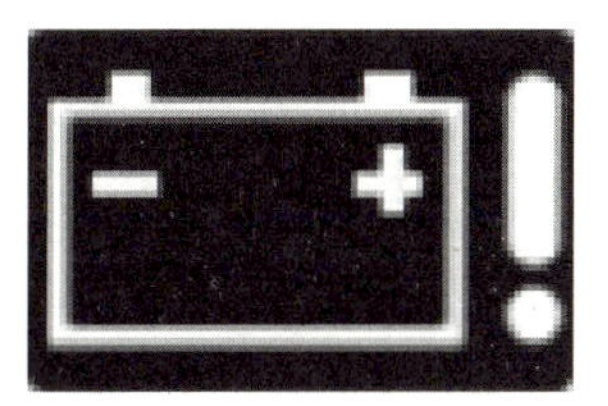

图 2-69　高压电池包故障警告灯-红色

图 2-70　高压电池包电量低警告灯-白色/黄色

动力系统故障警告灯为红色，如图 2-71 所示，该指示灯用于指示动力系统有故障。如果驱动电机或电力电子箱等出现故障，则该警告灯点亮，信息中心显示“系统故障”。

图 2-71　动力系统故障警告灯-红色

思考题

1. 如何正确规范更换 PEB？
2. 如何正确检测冷却液过热？

任务五　新能源汽车动力电池维修

技能与学习要求

1. 能根据车辆使用手册要求，正确使用新能源汽车维修工具；
2. 能根据车辆使用手册要求，规范完成新能源汽车动力电池的维护、检测维修；
3. 养成努力工作的习惯，培养不怕苦，不怕累的劳动精神。

任务描述

能查阅车辆使用手册，规范完成：

1. 找到新能源汽车动力电池各零部件的组成；
2. 新能源汽车动力电池的日常维护作业；
3. 民用电源充电安全检查作业；
4. 充电系统操作作业；
5. 手动维修开关拆卸作业；
6. 动力电池的更换作业。

内容与操作步骤

1. 新能源汽车动力电池日常维护作业

(1) 日常管理的规范性　动力电池日常维护要做到周到、细致和规范；保证设备(包括主机设备)处于良好的运行状况，从而延长使用年限；保证直流母线上的电压和动力电池处于正常运行范围；保证动力电池运行安全。

(2) 每年一次完全充放电　正常情况下，动力电池处于反复充放电状态，但并不是每次都能达到理想的充放电条件。这种情况下应至少每年进行一次完全充放电。放电前应先对动力电池组进行均衡充电，以达到全组动力电池的均衡。在放电前要清楚动力电池组中已存在的落后动力电池单元；放电过程中如有一只达到放电终止电压，应停止放电，消除落后动力电池单元后再继续放电。

(3) 选择、标示动力电池单元　每组动力电池中至少应有几只动力电池单元做标示动力电池单元，作为了解全动力电池组工作情况的参考。对标示动力电池电源应定期测量并做好记录。

(4) 及时更换有问题的电池　当在动力电池组中发现有电压反极性、压降大、压差大等现象时，应及时采取相应的方法恢复或修复。对不能恢复或修复的电池要更换；对使用寿命已过期的动力电池组要及时更换，以免影响到整车系统的运行。

2. 民用电源充电安全检查

民用电不包含充电桩，是指在家用普通插座上充电。在使用过程中需要进行安全检查；应当避免在同一电力线路上使用其他的用电设备，并对供电回路进行评估。

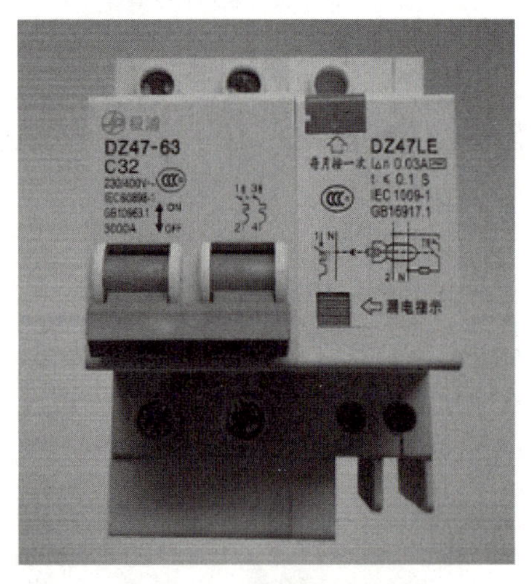

图 2-72　漏电保护装置

(1) 检查漏电保护装置　在客户侧供电回路上须使用漏电保护装置，漏电保护装置尽量安装在供电回路的最前端，如图 2-72 所示。采用高敏感高速型漏电保护器，灵敏电流为 30 mA 或者更小的漏电流值。检查漏电保护装置须符合国家标准 GB 20044《家用和类似用途的不带电流保护的移动式剩余电流装置 PRCD》的要求且质量可靠。

(2) 检查过电流保护器(空气开关)　在供电回路上须安装过电流保护器，如图 2-73 所示。过电流保护器须安装在漏电保护器的后端，且靠近漏电保护器。过电流保护器的额定容量为 20A。

检查过电流保护器，须符合 GB 10963《家用和类似场所用过电流保护断路器》的要求且质量可靠。

(3) 电路电缆检查

① 民用供电回路须为专用回路，电路布线应符合建筑、电力其他相关要求。

② 对于老旧建筑建议布置新的专用回路。

③ 检查客户侧供电回路电缆的线径，不小于4 mm²，且电缆总长度不超过50 m。

④ 电路布线应避开潮湿或有积水的区域，周围无易燃物质。

(4) 三眼插座的检查

① 插座须布置在便于车辆停靠、充电操作的地方。

图 2－73　过电流保护器

② 额定负载能力为使用交流电源的220 V/16 A的标准插座。

③ 插座的接线要正确(火线、零线、地线)，且地线接地可靠。

④ 禁止使用绕线盘或拖线板转接。

⑤ 插座须避免雨淋、日晒及异物侵入，且周围无热源。

⑥ 插座要符合国家标准GB 2099《家用和类似用途的插头插座》的要求，且通过国家CCC认证、质量可靠。

(5) 其他设备检查　电池充满后再进行充电线断开操作；当电池没有充满如需中止充电，应先将电路上的过电流保护断路器(空气开关)断开，再拔掉充电电源线。雨天进行充电作业时，应避免雨水进入充电插头和插座。每次充电前对插头/插座检查一次，检查是否变形、发黑、烧蚀，如果发现异常须立即更换。即使没有发现异常，如果使用超过3年也需要更换为新的插座。充电过程中出现异味、冒烟、过热等异常现象，须立即断开充电回路，终止充电作业，并对插头插座检查。

3. 充电系统操作

(1) 快速充电作业　在对车辆进行充电之前首先要关闭点火开关，10秒后打开快速充电盖。如果不打开点火开关显示充电界面，打开点火开关按如下方式显示：

① 组合仪表上红色充电连接指示灯点亮。

② 组合仪表上黄色充电状态指示灯点亮。

③ 位于前车标位置的前部充电呼吸灯会呈明暗交替的呼吸效果。

④ 组合仪表上高压电池包电量表实时显示高压电池包电量百分比。

⑤ 充电完成时，充电状态指示灯和前部充电呼吸灯会熄灭。

(2) 慢速充电作业——使用民用电源　利用车载充电器对车辆高压电池包进行慢速充电作业，是使高压电池包达到最佳均衡状态的充电方式。

① 整车解锁，打开慢充口。

② 将7脚/3脚交流充电线的充电手柄与车身慢充口相连接，如图2－74所示。

③ 将7脚/3脚充电插头接入家用电，并锁止车辆。

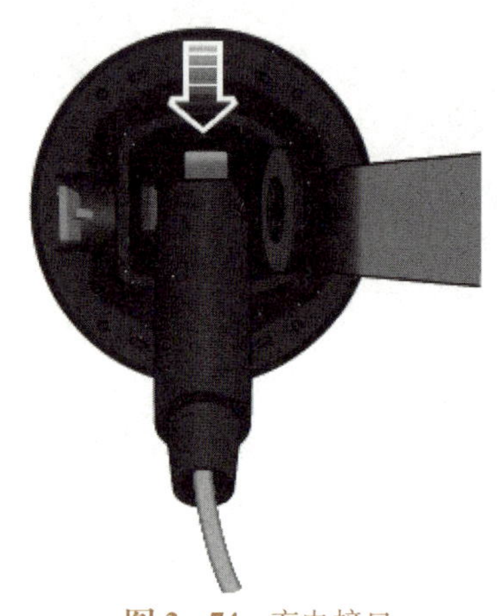
图 2-74　充电接口

④ 当 7 脚/3 脚充电线连接完成后，仪表上红色充电连接指示灯点亮，前部充电呼吸灯点亮。

⑤ 在充电过程中，仪表上黄色充电状态指示灯点亮，前部充电呼吸灯会呈明暗交替的呼吸效果。同时，组合仪表上高压电池包电量表将实时显示当前高压电池包电量百分比。当高压电池包开始均衡充电，前部充电呼吸灯会保持常亮。

⑥ 均衡完成后，充电状态指示灯和前部充电呼吸灯会熄灭。整车解锁后，分别断开充电枪与车辆和供电侧插座的连接。将慢充口盖、车身充电口小门依次合上盖好。

(3) 充电界面显示　充电过程中，未打开点火开关，组合仪表上会显示界面如图 2-75 所示。

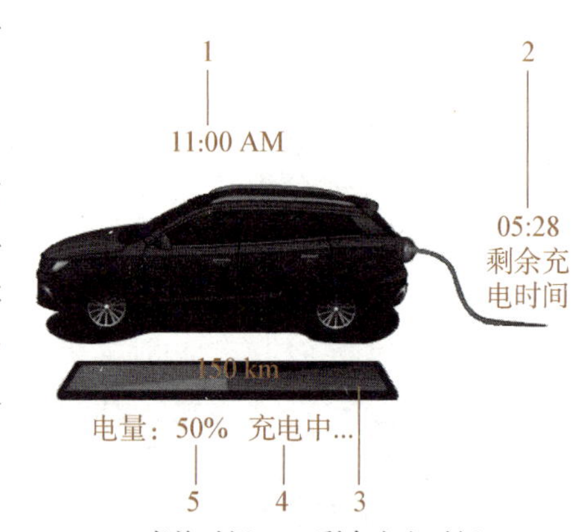

1-当前时间　2-剩余充电时间　3-续驶里程　4-充电状态　5-高压电池包电量

图 2-75　组合仪表显示界面

4. 手动维修开关拆卸作业

手动维修开关(MSD)顾名思义就是新能源电动车做车辆检修的时候，为了确保人车的安全，通过手动的方式将高压系统的电源断开。在关键时刻能够实现高压系统电器隔离执行部件，在内部配置合适的熔丝之后也可以起到短路保护作用。通常手动维修开关的位置在电池包的外箱。

(1) 手动维修开关拆卸

① 关闭点火开关，车辆静置 5 分钟以上，才可进行拆卸作业。

② 拆下前储物盒左侧盖板。

③ 断开蓄电池负极。

④ 掀开后排座椅垫。

⑤ 拆下手动维修开关防护盖，位于后排中间座椅下方，如图 2-76 所示。

⑥ 按图 2-77 所示步骤拆下手动维修开关，存放于安全位置。

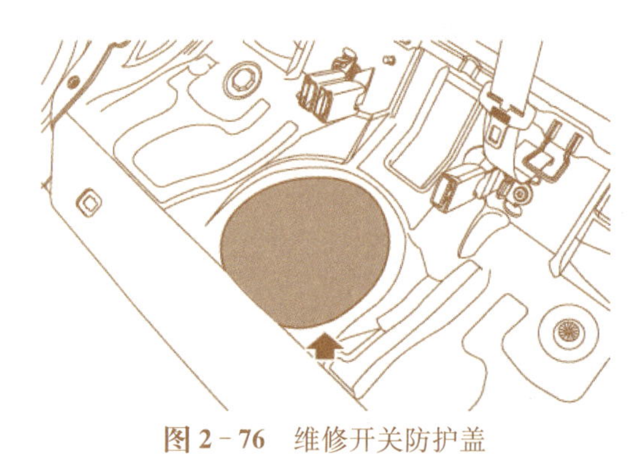
图 2-76　维修开关防护盖

a. 按下手动维修开关的锁紧扣，向上旋转止动杆进行一级解锁。

b. 止动杆旋转到二级锁时(大约 45°)，再次按下手动维修开关锁紧扣进行二级解锁。

c. 继续旋转止动杆到直立(大约 90°)。

d. 向上拉出手动维修开关。

⑦ 将专用工具 TEL00022 安装到手动维修开关底座上，用来保护手动维修开关，如图 2－78 所示。

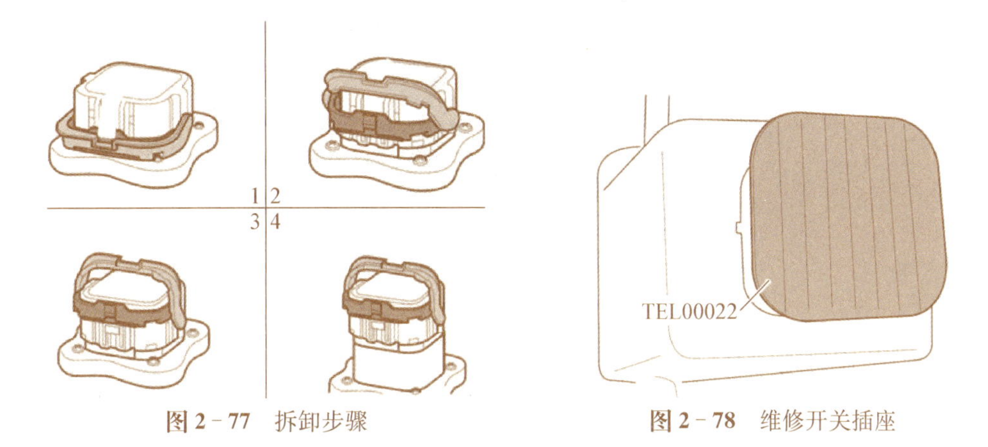

图 2－77　拆卸步骤　　　图 2－78　维修开关插座

5. 动力电池组更换作业

(1) 前期准备

① 穿戴高压防护装备，如图 2－79 所示。

绝缘的安全鞋　　绝缘手套　　工作服

图 2－79　高压防护装备

② 断开蓄电池负极，如图 2－80 所示。

图 2－80　断开蓄电池负极

(2) 拆卸动力电池

① 断开低压插头等待 5 分钟。

② 拆下后座椅坐垫,如图 2-81 所示。

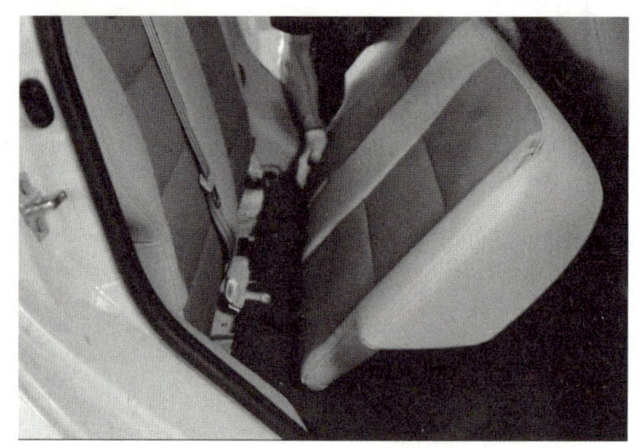

图 2-81 拆后座椅坐垫

③ 掀起后座地毯,如图 2-82 所示。

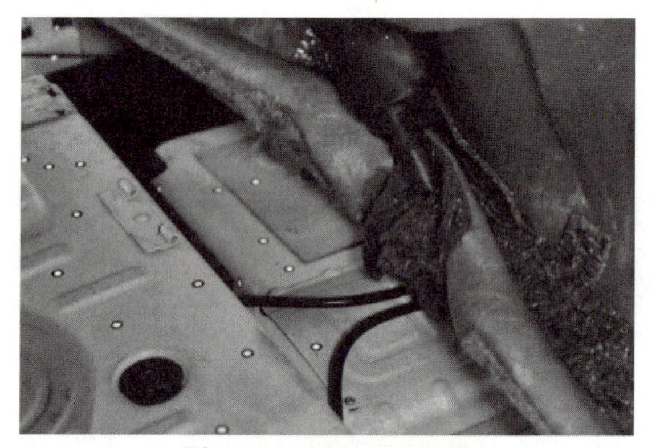

图 2-82 掀起后座地毯

④ 拆卸地板防尘盖,如图 2-83 所示。

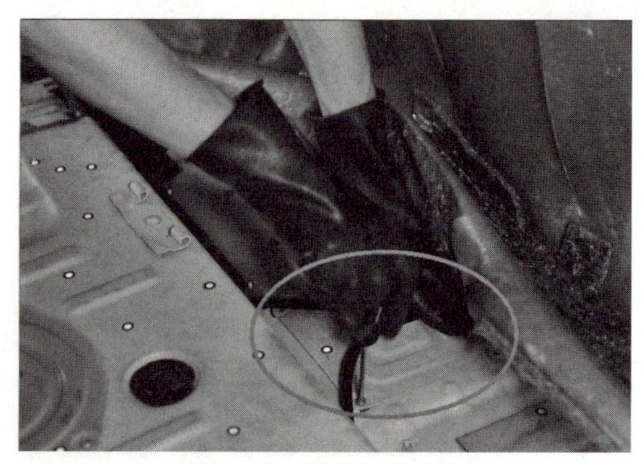

图 2-83 拆地板防尘盖

⑤ 拆卸手动维修开关，如图 2－84 所示。

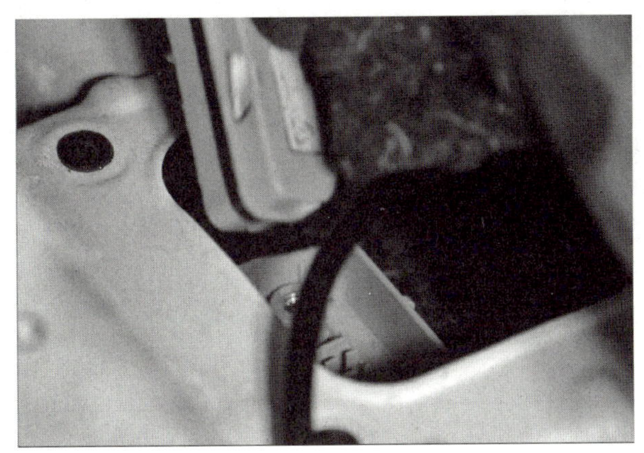

图 2－84　拆卸维修开关

⑥ 举升车辆至合适高度，并锁止举升机，如图 2－85 所示。

图 2－85　举升车辆

⑦ 拆卸动力电池固定螺栓。动力电池依靠螺栓安装在车辆底部，如图 2－86 所示。

图 2－86　拆卸动力电池固定螺栓

⑧ 断开动力电池箱插口与连接线束。

⑨ 操作动力电池托举装置的托板上升至刚好与动力电池正下方接触。

⑩ 使用扭力扳手、接杆、18 mm 套筒，按照对角线的方式拆卸下动力电池的固定螺栓。

⑪ 检查动力电池外观有无变形、磕碰、损坏、老化。

图 2-87 安装定位销

(3) 安装动力电池

① 将动力电池托举装置上升至合适高度。

② 使动力电池上的定位销与车身的定位孔对齐。

③ 操作动力电池托举装置使动力电池上的定位销安装到车身定位孔中，如图 2-87 所示。

④ 使用棘轮扳手、接杆、套筒，按照对角线的方式安装动力电池固定螺栓。

⑤ 用定扭扳手、接杆、套筒工具，按对角线安装方式紧固动力电池与车身的固定螺栓，按规定扭矩紧固。

⑥ 操作动力电池托举装置，使其与动力电池分离。

⑦ 安装动力电池的高低压接插件。

⑧ 降下车辆。

⑨ 安装手动维修开关及附件。

相关知识

新能源汽车高压电池包

动力电池系统主要由动力电池模组、电池管理系统、动力电池辅助加热装置、维修开关、高压正极和负极继电器、加热继电器、预充继电器、动力电池低压控制信号插口、动力电池箱接插口组成，如图 2-88 和图 2-89 所示。与其他动力电池相比，这种材料的电池最大优势在于对温差的适应性较强(－20～75℃)，高温性能更稳定，电热峰值更高，很大程度上提高了整车性能，并且电池不含任何稀有金属，污染更小，安全稳定。

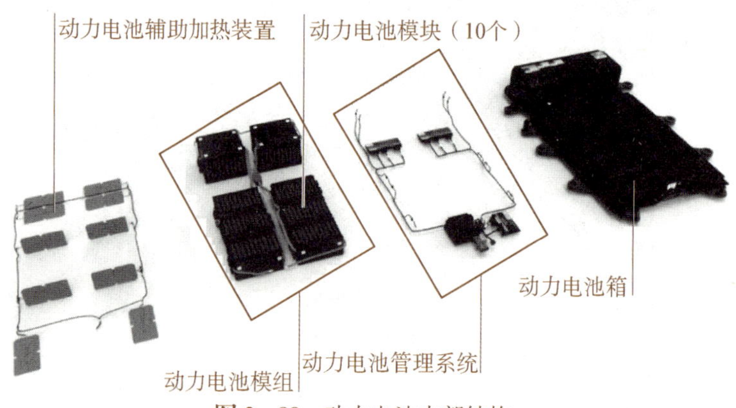

图 2-88 动力电池内部结构

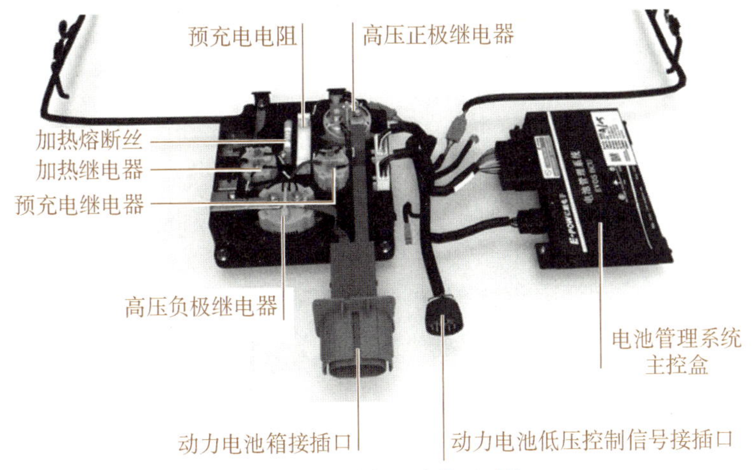

图 2-89　动力电池管理系统

动力电池模组一般是由多组电池模块串联而成的，如图 2-90 所示；每一块电池模块由一组串联的电池单体组合而成，如图 2-91 所示。

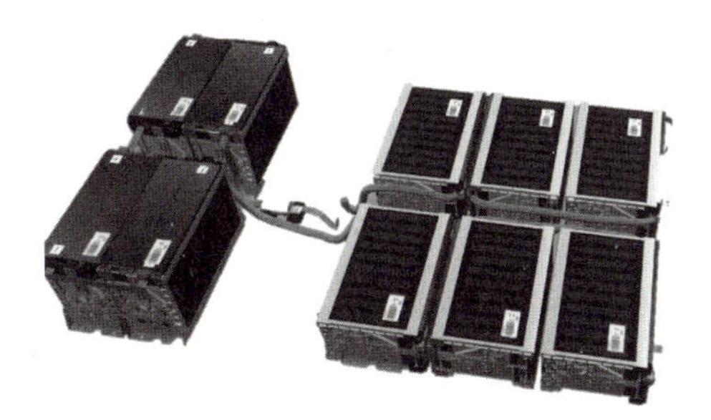

图 2-90　动力电池模组

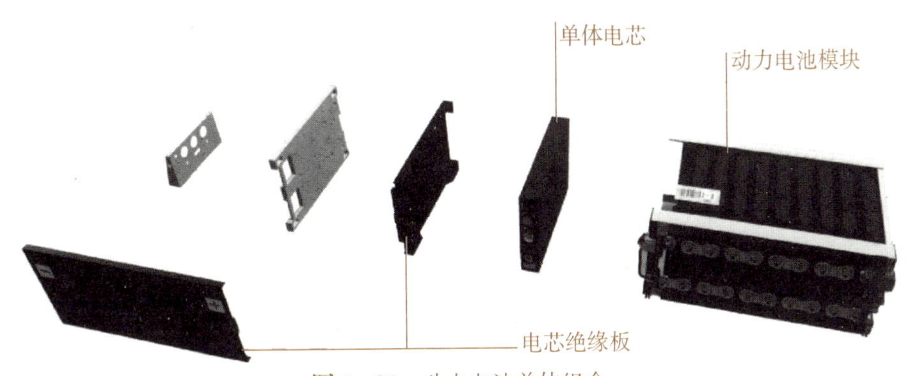

图 2-91　动力电池单体组合

电池单体是构成动力电池模组的最小单元，一般由正极、负极、电解质（或电解液）和隔膜等组成，如图 2-92 所示。

（1）负极　在放电时发生氧化反应。应用较多的负极材料是锂离子嵌入碳化合物，常用的有石油焦（PC）、中间相碳微球（MCMB）、碳纤维（CF）和石墨以及钛酸锂等。

（2）正极　放电时发生还原反应，采用较多的是过渡金属氧化物，如 $LiCoO_2$。

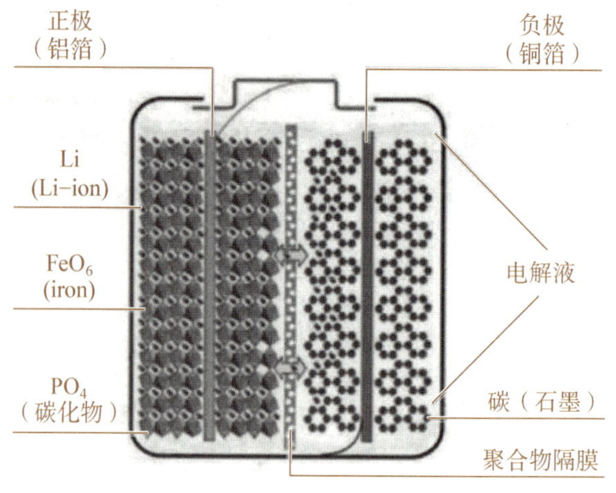

图 2-92 电池单体

(3) 电解液　电解液是含锂盐的有机溶液,为离子运动提供运输介质,一般用 $LiPF_6$ 和 EC、DEC 等混合溶液。

(4) 隔膜　为正、负极提供电子隔离,隔膜通常使用微孔聚丙烯和微孔聚乙烯或者二者复合膜。

思考题

1. 写出新能源汽车动力电池更换的流程。
2. 写出电动汽车充电操作过程。
3. 动力电池更换中的注意事项有哪些?

项目三

汽车动力系统故障案例

项目情景

传统汽车的动力系统集中了发动机、传动装置等多个部分,主要作用就是产生汽车行驶的动力,并通过传动装置将动力按照要求传递给驱动车轮,保证汽车能够适应不同工况。

电动汽车动力系统主要由两部分组成,分别是动力电池、驱动电机系统。动力电池是电动汽车的动力源。目前纯电动汽车主要是锂离子电池。驱动电机系统一般由电子控制器、功率变换器、驱动电机和机械传动装置组成。驱动系统能高效地将蓄电池中储存的电能转换为车轮的动能来驱动汽车行驶,并能在汽车减速或下坡时实现再生制动。

混合动力汽车的动力系统由两个或两个以上可以同时工作的单驱动系统组成。根据汽车实际行驶状态,由单驱动系统单独或联合提供汽车的驱动力。根据混合动力驱动的连接方式,混合动力汽车可分为三类:串联式混合动力汽车(SHEV)、并联式混合动力汽车(PHEV)和混联式混合动力汽车(PSHEV)。

汽车动力系统是现代汽车的核心组成部分,性能优劣直接影响汽车的使用性能,保持良好的状态是十分必要的。

案例一　上汽大众新途安发动机故障:怠速抖动

故障车辆基本信息

新途安 GP2,配备 1.4T 发动机,车架号:LSVRS61T4D2039×××,发动机型号:CFB,行驶里程:53 200 km。

故障现象描述

发动机启动后,发现怠速抖动,3～4 秒就自动熄火;加油门后发动机可以正常提速,速度达到 1 200 r/min 以上时抖动消失,转速正常。因为无怠速,所以车辆被拖进公司维修,维修人员接车后启动发动机,发现只要放掉油门,发动机抖动严重,随即熄火;于是,拔掉节气门、增压压力传感器的线束插头,启动再测试,发动机无明显变化。

故障诊断与检测

步骤 1　诊断前准备(5S 管理):常用工具,故障诊断仪 VAS 6150B。

步骤 2　使用故障诊断仪 VAS 6150B 的引导性功能读取发动机数据流,显示发动机有故障代码:P0172 汽缸列 1 燃油测量系统过浓、P0139 汽缸列 1 传感器 2 信号太低、P2279 进气中少量气流、P0122 节气门电位器- G69 信号太小,如图 3-1 所示。

0001 - 发动机电控系统 (KWP2000 / TP20 / 03C906022BR / 9932 / H11)

SAE代码	故障文本
P0172	气缸列1，燃油测量系统 系统过浓
P0139	气缸列1传感器2 信号太低
P0172	气缸列1，燃油测量系统 系统过浓
P2279	Drosselklappenpotentiometer Kurzschluss nach Masse

图 3-1　发动机故障代码

最后一个故障代码 P0122 为维修人员拔下节气门插头引起;询问客户得知,其在一个月前换过后氧传感器。观察数据流 31 组前后氧传感器的数据流,31.1 为前氧传感器数据值,0.10～0.79 V,31.2 为后氧传感器的调节数据,0.13～0.80 V 之间调节,如图 3-2 所示。

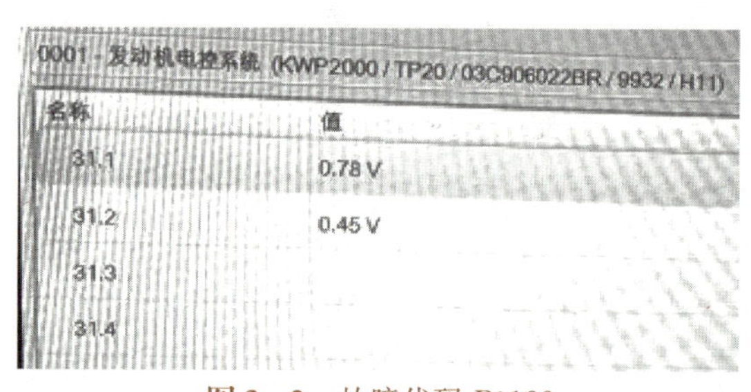

0001 - 发动机电控系统 (KWP2000 / TP20 / 03C906022BR / 9932 / H11)

名称	值
31.1	0.78 V
31.2	0.45 V
31.3	
31.4	

图 3-2　故障代码 P0122

步骤 3　数据观察:氧传感器的调节数据基本正常,维修人员认为 P0122 和 P0139 应该和故障现象没有直接关系,于是保存故障代码。然后,用诊断仪把故障代码删除,此时发动机状态依旧。维修人员加点油门保持发动机运转,外出试车,路试 5 km 后返厂,现象依旧。故障代码为 P0172 汽缸列 1 燃油测量系统过浓,测量数据流 2.4

区的进气压力信号过大(怠速标准 300 mbar),在怠速抖动时显示 1.010 mbar,如图 3-3 所示。

0001 - 发动机电控系统 (KWP2000 / TP20 / 03C906022BR / 9932 / H11)

名称	值
2.1	680 /min
2.2	75.19 %
2.3	2.29 ms
2.4	1,010.00 mbar

图 3-3　在怠速抖动时显示 1.010 mbar

步骤 4　判断:故障原因可能是进气压力传感器出现问题。拔下插头调整线束插头的针脚间隙,如图 3-4 所示,故障依旧。更换进气压力传感器也无效,故障依旧。

图 3-4　拔下插头用挑针调整线束插头的针脚间隙

步骤 5　观察第 3 组和第 32 组数据:快要熄火时 3.1 区为怠速 360 r/min,3.2 区进气压力为 1 020 mbar,但是 3.3 区节气门开度在 91.37%(怠速时标准小于 5°),如图 3-5 所示。

0001 - 发动机电控系统 (KWP2000 / TP20 / 03C906022BR / 9932 / H11)

名称	值
3.1	360 /min
3.2	1,020.00 mbar
3.3	91.37 %
3.4	3.75 °n.OT
32.1	-5.72 %
32.2	-25.00 %

图 3-5　节气门开度在 91.37%

步骤 6 检查进气歧管无泄漏，对换了节气门、油门踏板均无效，故障依旧。重新整理思路。从数据流分析，进气压力过高是因为节气门开度自动开启过大导致。直接影响节气门开度的油门踏板也换过了，况且进气歧管、真空管路密封性正常。发动机提速到中高速，观察各个数据流接近正常；依据故障现象初步分析可能引起故障的原因有：

① 发动机线束有接触不良现象；

② 发动机电脑版故障；

③ 某个传感器信号失常；

④ 汽缸压缩比不对。

步骤 7 反复加油门和路试，发现只有怠速情况下抖动及易熄火，转速达到 1 200 r/min 以上发动机运转正常且动力正常。可以不考虑发动机线束接触不良和汽缸压缩比及点火方面的问题，重点怀疑发动机电脑版和某个传感器信号失常引起。反复观察发动机转速在 1 200 r/min 以上时的数据流：油门踏板、水温、进气压力、点火提前角、涡轮增压、前后氧传感器等信号都在正常范围内。

步骤 8 进一步检测各个传感器信号功能，对可以基础设定的几个通道进行设定。首先打开点火开关，基础设定通道号 60 对进气门设定可以通过；对通道 34 前氧传感器基础设定无法通过，但是前段时间换的后氧传感器用通道号 43 可以设定。

更换前氧传感器后故障排除，新的前氧传感器设定方法：启动发动机怠速运行到正常水温，踩住制动踏板，选择基础设定通道号 34，选择激活后把油门踏板踩下去，此时发动机转速最高到 2 200 r/min 左右，保持到 34.4 区变换到汽缸列 1 传感器 1 正常为止，前氧传感器标定成功。

氧传感器故障，更换前氧传感器后怠速正常，各个传感器信号在怠速时恢复正常，如图 3-6 所示。

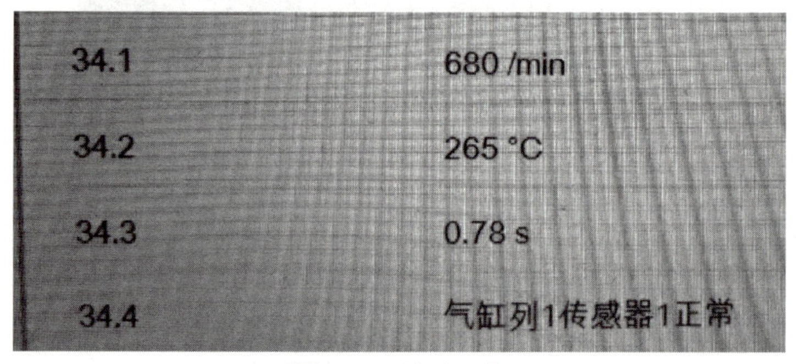

图 3-6 显示正常

案例点评

该案例怠速抖动和发动机失火抖动明显不同，把油门加大一点就能运转正常，各个传感器信号能到正常范围；只要放掉油门，怠速就抖动异常直至熄火，在此期间进气压力、节气门数据异常；在观察数据流时，要分辨出哪些信号是随机信号，哪些信号是依据信号。此案列中，31.1 的前氧传感器信号在观察时可以调节，但是达不到发动机控制单元的调节要求。今后维修中可以参考执行基础设定来检测传感器或执行器是否正常，才能顺利快速地解决故障。

思考题

1. 进气系统氧传感器信号异常对发动机有何影响？
2. 如何判定氧传感器信号异常？

案例二　宝马 G38 发动机故障：抖动熄火

故障车辆基本信息

2018 款宝马 G38 车，搭载 B48 发动机，累计行驶里程约为 34 705 km。

故障现象描述

车辆怠速抖动，抖动中熄火，重新启动行驶加油门速度上不去。拖车进厂维修。

故障诊断与检测

步骤 1　诊断前准备(5S 管理)：故障诊断仪 VAS 6150B，燃油压力表 VAG 1318，万用表，尾气排放设备，车辆三件套，清洁性能检查设备。

步骤 2　接车后首先试车，确认故障现象的确如车主所述。车辆启动后抖动较严重，然后自动熄火。

步骤 3　连接诊断电脑诊断，显示系统存储了空气质量故障和增压压力故障；执行增压压力的检测计划，在熄火状态下，显示如图 3 - 7 所示。

增压压力：1 125.5 hPa
通过以下测量值检查增压压力传感器测量值的可信度：
进气管真空：1 025.4 hPa
环境压力：1 025.4 hPa

图 3 - 7　压力检测

发动机启动后进气管真空度很大，正常情况下，应该略低于增压压力，显示如图 3 - 8 所示。

增压压力：1 125.5 hPa
通过以下测量值检查增压压力传感器测量值的可信度：
进气管真空：483.5 hPa
环境压力：1 025.6 hPa
在发动机静止和运行时观察显示的测量值。
预期行为：
发动机静止时增压压力、进气管压力和环境压力基本相同。
发动机怠速运行且节气门关闭时，进气管压力低于增压压力。
发动机带负荷运行且节气门打开时，进气管压力和增压压力基本相同。仅当处于行驶模式时，才可以达到发动机负载运行状态。

图 3 - 8　正常情况压力

发动机启动 1 分钟不到便自动熄火。初步判断，可能是进气系统堵塞导致的故障。

步骤 4 根据读取的故障码和数据流，拆卸节气门前部空气管路后，如图 3－9 所示，再次启动车辆试车，发动机可以正常运行。将进气管安装回节气门上，发动机立刻开始抖动，然后熄火，如图 3－10 所示。

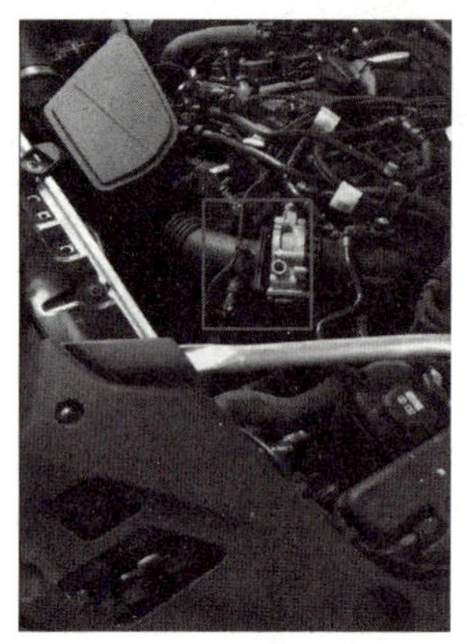

图 3－9 拆卸节气门前部空气管路

图 3－10 进气管安装

步骤 5 判断：故障原因可能是节气门前的进气管路堵塞导致进气不畅。读取控制单元数据流，进气量等数据都偏低，如图 3－11 所示。

由于拆除了节气门前的空气管路后，车辆可以正常启动，说明问题出在节气门管路接头至空气滤芯之间。由于这款发动机的中冷器安装在进气道中，所以中间管路较简单，从空滤壳至涡轮增压器进气管，涡轮增压出来后就接节气门。

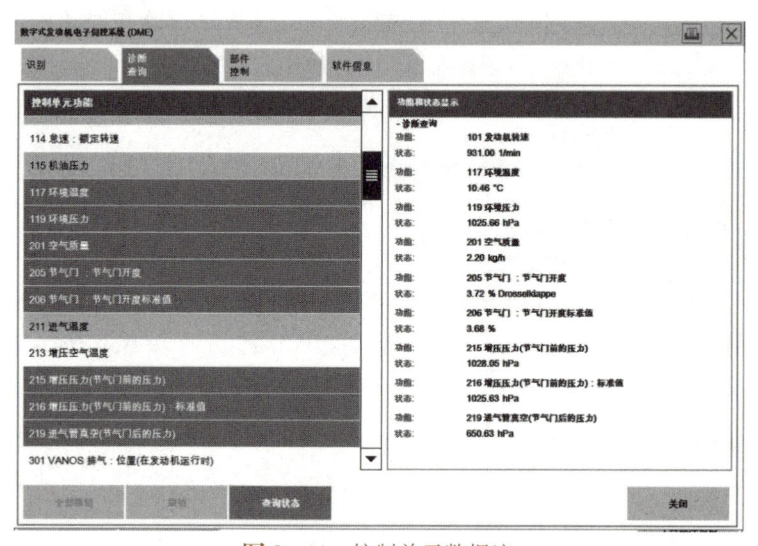

图 3－11 控制单元数据流

步骤 6 拆卸空滤壳检查，发现空气滤芯是新的，而且空滤壳内部也擦拭得很干净，看着刚换不久。查看维修记录，车辆在去年年底做过一次机油保养，但是没有更换空气滤芯。接着拆卸涡轮增压器空滤之间的中间管路连接头。拆下后发现，在涡轮进气口处，堵了一条蓝色的毛巾，如图 3－12 所示。拉出毛巾，发现涡轮叶片已经有弯折变形，如图 3－13 所示。

图 3-12 涡轮进气口处，堵了一条蓝色的毛巾

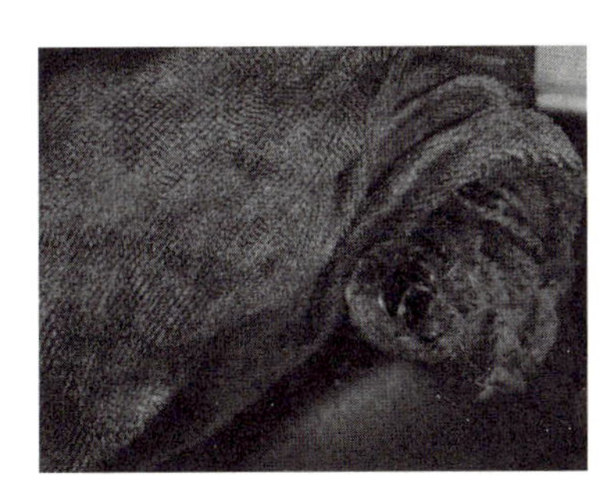

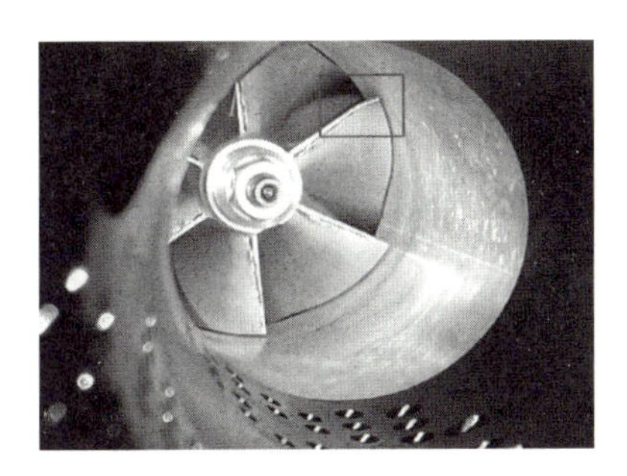

图 3-13 拉出毛巾，发现涡轮叶片已经有弯折变形

故障排除工艺

该车故障是由于客户在外维修导致的人为故障。由于涡轮叶片已经变形，而涡轮是一个高速转动的零件，对平衡要求很高，且叶片也无法单独更换，最后解决方案是取出了堵塞的毛巾并更换涡轮增压器。

思考题

1. 如何读取车辆控制单元的数据流？
2. 如何更换涡轮增压器？

案例三 宝来发动机故障：发动机故障警示灯常亮

故障车辆基本信息

2010 款一汽大众新宝来，搭载 1.6 L EA113 发动机和型号为 04A 变速器，累计行驶里程约为 189 994 万公里。

故障现象描述

启动车辆后发现仪表发动机故障警示灯常亮，怠速时还有轻微抖动，如图 3 - 14 所示。

图 3 - 14　发动机故障警示灯常亮

故障诊断与检测

步骤 1　故障排除前准备(5S 管理)(专用工具与检测设备准备)：故障诊断仪 VAS 6150，接线盒 VAS 6356/39/42，转换插接器盒 VAG 1594C，导线修复盒 VAG 1978，工具小车。

步骤 2　使用 VAS 6150 诊断仪检测发动机报故障码：汽缸列 1 燃油测量系统过浓，对地短路，如图 3 - 15 所示。

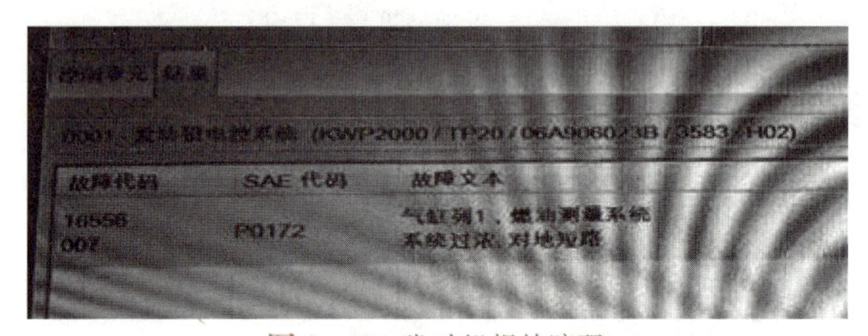

0001 - 发动机电控系统 (KWP2000 / TP20 / 06A906023B / 3583 / H02)

故障代码	SAE 代码	故障文本
16556 007	P0172	气缸列1，燃油测量系统 系统过浓，对地短路

图 3 - 15　发动机报故障码

使用 VAS 6150 读取发动机数据流第三组 2 区进气压力传感器为 390 mbar，如图 3 - 16 所示，数据偏大，正常值为 320 mbar 左右。

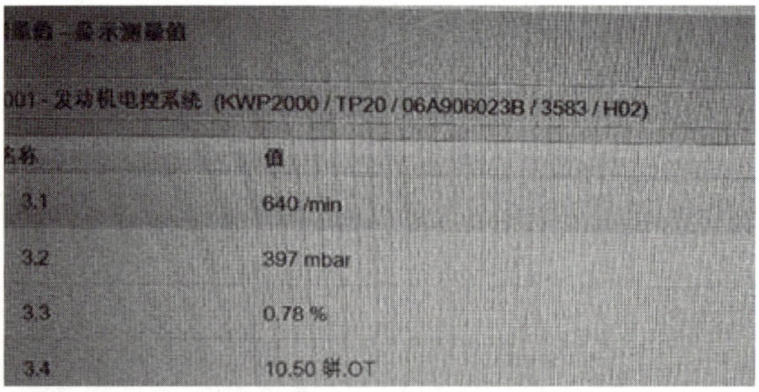

显示测量值

001 - 发动机电控系统 (KWP2000 / TP20 / 06A906023B / 3583 / H02)

名称	值
3.1	640 /min
3.2	397 mbar
3.3	0.78 %
3.4	10.50 斜.OT

图 3 - 16　进气压力传感器

读取 33 组氧传感器数据，氧传感器电压 0.82 V 不变，正常值为 0.1～0.9 V；一般情况 10 秒跳变 8 次以上，空燃比调节值为－23.05%。数据也反映出混合气浓，如图 3－17 所示。

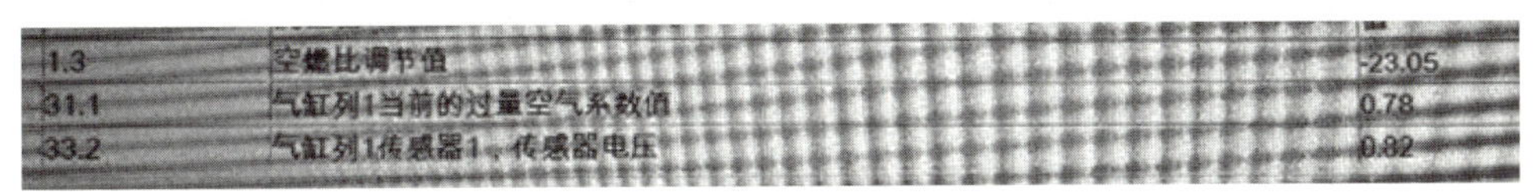

1.3	空燃比调节值	-23.05
31.1	气缸列1当前的过量空气系数值	0.78
33.2	气缸列1传感器1，传感器电压	0.82

图 3－17　氧传感器数据

步骤 3　为了区分是压力传感器数据偏大引起的混合气浓，还是氧传感器故障引起的混合气浓，首先拔掉压力传感器插头。怠速压力传感器默认值为 316 mbar，氧传感器电压为 0.3～0.7 V 跳变，混合气恢复正常，初步判断为进气压力数据偏大引起的混合浓。因为，在 D 型燃油喷射系统中，进气压力传感器为燃油计量喷射主控信号，压力高（也就是真空度低）多喷油，氧传感器已经超出修正极限，无法调节到正常范围。所以，报汽缸列 1 燃油测量系统过浓，对地短路。接下来只要排除进气压力高的原因就能排除故障。

步骤 4　根据此情况分析影响进气压力数据偏高的主要原因有：进气歧管节气门后方漏气；点火系统故障；排气系统堵塞；配气相位不对。

步骤 5　根据列举出的可能故障点逐一排查。首先排除进气系统无漏气；然后，检查点火系统发现火花塞型号不对，如图 3－18 所示，倒换火花塞故障依旧。

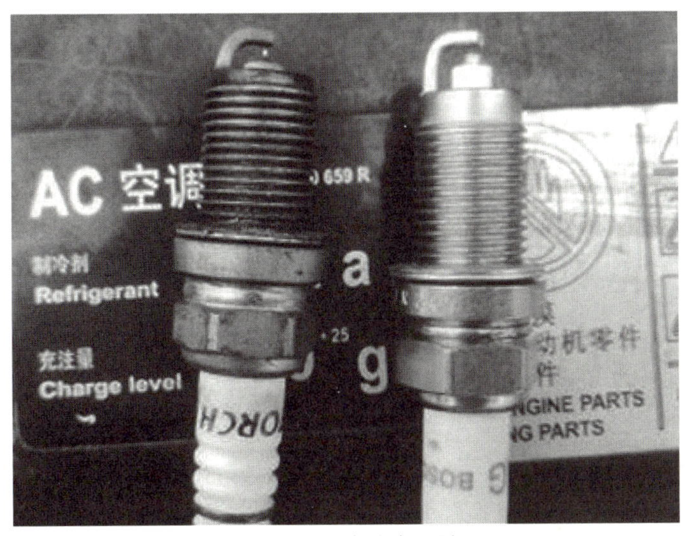

图 3－18　火花塞型号

步骤 6　使用经验方法，油门瞬间加到 2 000 r/min，维持观察进气压力数据流，压力瞬间到 900 mbar 左右，随后降低到 310 mbar 左右。说明进排气系统无堵塞情况。如果进气压力不下降到 320 mbar 左右，反而上升，就可以判断为排气管堵塞。经检查排气系统正常无堵塞。

步骤 7　前面的可能性都排除了，最后检查正时机构发现正时错误，凸轮轴上的记号和凸轮轴罩盖上的记号滞后一个齿，如图 3－19 所示。

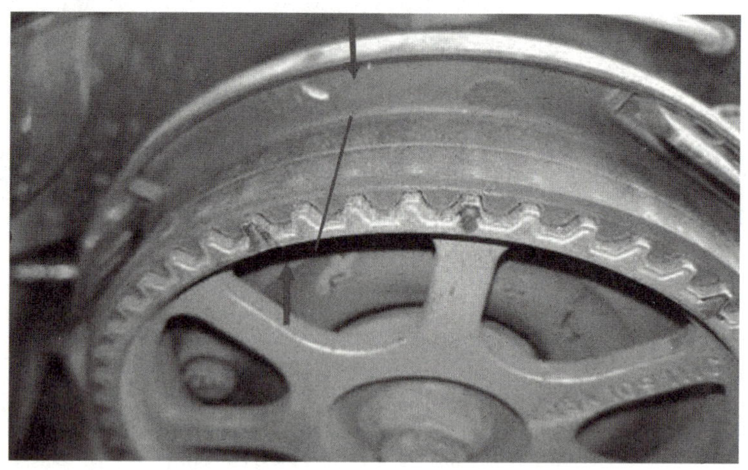

图 3 - 19　检查正时机构

故障排除工艺

重新调整正时机构，再次读取数据流，已经恢复正常，确认故障排除。

案例点评

由于配气相位不对，进气凸轮轴滞后，怠速时发动机进气量不足，导致进气歧管内压力偏高。进气压力传感器测得燃油计量喷射主控信号压力高，就多喷油，实际进入发动机汽缸燃烧的空气少，导致混合气浓。氧传感器已经修正到极限还浓，所以报故障码，点亮排气故障灯。

遇到混合气调节过稀、过浓故障码，维修技师需要冷静思考，哪些因素会导致故障现象的产生，通过数据流结合必要的检测工具做相关的检查，然后逐个排除。

案例四　广汽本田雅阁车变速器故障：起步抖动

故障车辆基本信息

广汽本田雅阁车，搭载 2.4 L 发动机和型号为 CY1A 的 CVT 变速器，累计行驶里程约为 15.4 万公里。

故障现象描述

车辆起步过程中，当车速低于 5 km/h 时，车辆抖动非常明显；当车速高于 5 km/h 时，抖动现象消失。另外，在行驶过程中，未发现车辆存在任何异常现象。

故障诊断与检测

步骤 1　接车后试车，确认故障现象的确如车主所述。在试车过程中，维修人员还发现另外 2 个故障现象：第一，挂 R 挡行驶的瞬间，变速器有冲击现象，但倒挡行驶时车辆无抖动现象；第二，将换挡杆置于 N 挡时，踩下加速踏板，车辆有后退现象。

步骤 2　首先检查变速器油液，油位、油质均正常。连接故障检测仪读取故障代码，无任何故障代码存储。

步骤 3　路试。在起步过程中，用故障检测仪读取到的变速器相关数据流如图 3 - 20 所示。找来一辆搭载同型号 CVT 变速器的 2016 款雅阁车，读取起步过程中变速器相关数据流，如图 3 - 21 所示。对比故障车和正常车读取的数据流，发现故障车在起步过程中，发动机转速平稳，液力变矩器涡轮转速明显波动，且输入轴转速和输出轴转速(辅轴 1 转速)也出现波动，怀疑是液力变矩器内部故障。但是，按照以往的维修经验，液力变矩器涡轮转速波动一般由锁止离合器锁止异常引起。而在起步过程中，液力变矩器锁止离合器并没有工作，故判断是由其他原因导致的液力变矩器涡轮转速异常波动。

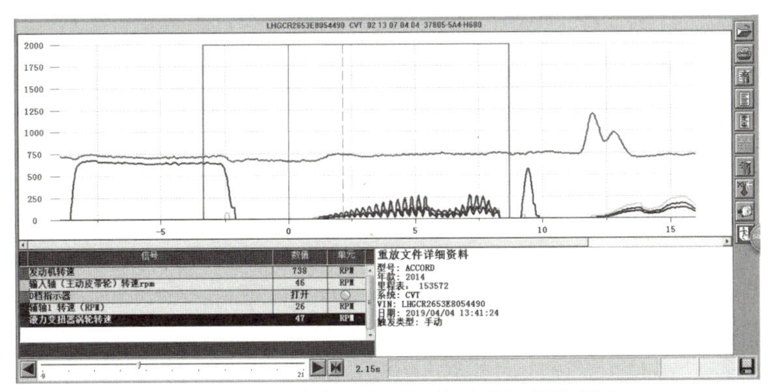

图 3 - 20　故障车起步时的变速器相关数据流

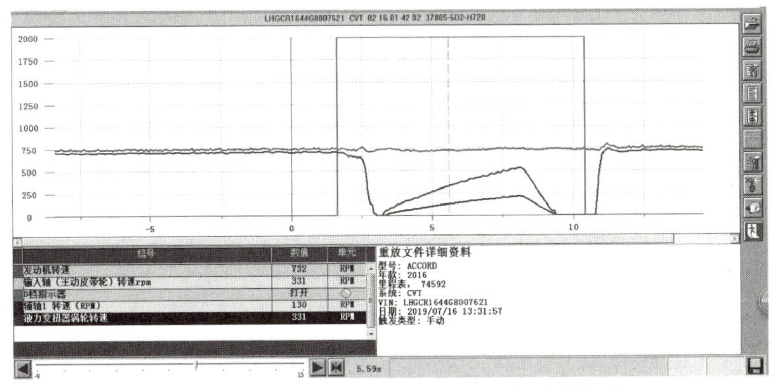

图 3 - 21　正常车起步时的变速器相关数据流

步骤 4　试车过程中维修人员还发现，挂 R 挡行驶的瞬间，变速器有冲击现象，于是用故障检测仪读取挂 R 挡行驶时的数据流，如图 3 - 22 所示。发现发动机转速先升高再降低(即空油门现象)。读取正常车挂 R 挡行驶时的数据流，如图 3 - 23 所示，发现发动机转数相对比较平稳。结合挂 R 挡行驶瞬间变速器有冲击的现象，认为造成故障的可能原因是倒挡制动器打滑，钢带打滑。对于钢带打滑故障，可以查看从动皮带轮的压力进行判断。继续分析故障车 D 挡、R 挡时的数据流，如图 3－24 所示，发现起步和倒车时，从动皮带轮压力波动基本一致，且钢带打滑通常出现在大负荷、急加速工况下，故排除钢带打滑故障的可能，将故障部位锁定在倒挡制动器上。

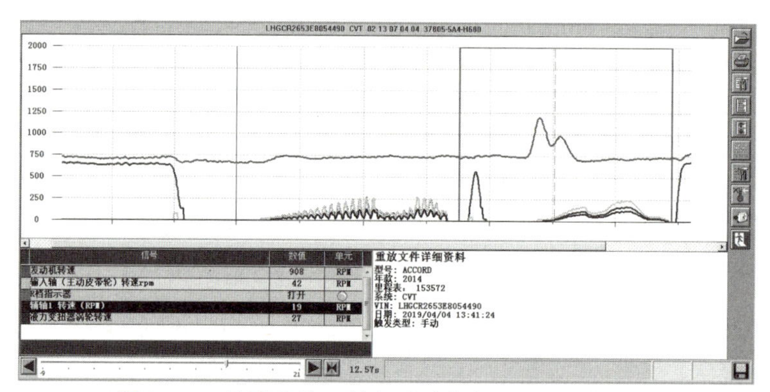

图 3－22 故障车挂 R 挡行驶时的变速器相关数据流

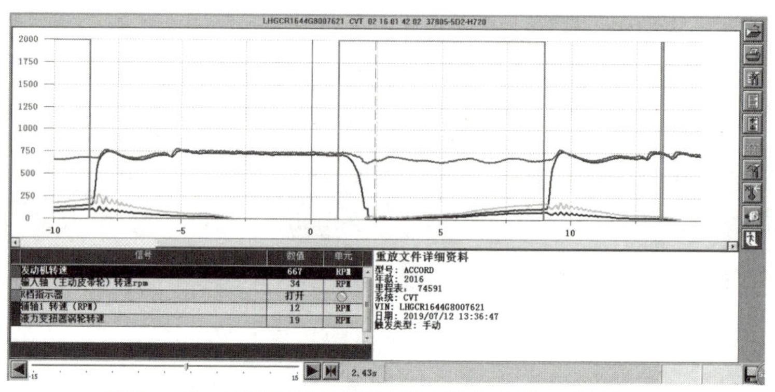

图 3－23 正常车挂 R 挡行驶时的变速器相关数据流

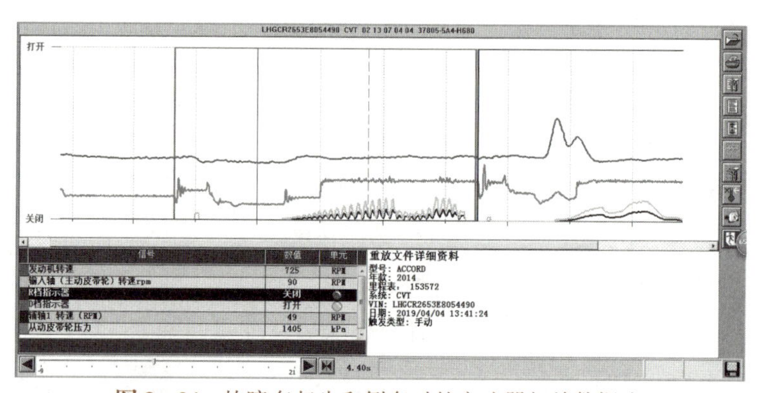

图 3－24 故障车起步和倒车时的变速器相关数据流

步骤 5 针对故障车挂 N 挡时踩加速踏板车辆有后退现象，继续读取故障车挂 N 挡

时的数据流，如图 3－25 所示，发现第二轴旋转方向（即为输出轴旋转方向）在倒挡和停止之间来回波动。读取正常车挂 N 挡时的数据流，如图 3－26 所示，发现第二轴旋转方向则始终保持在停止状态。通过故障车和正常车 N 挡时数据流的对比分析，判断故障车在 N 挡时倒挡制动器存在间歇性结合现象。

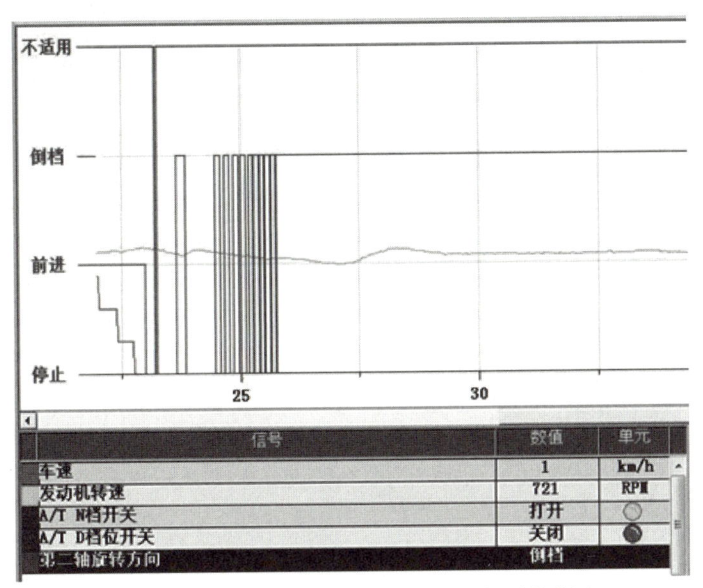

图 3－25　故障车挂 N 挡时的变速器相关数据流

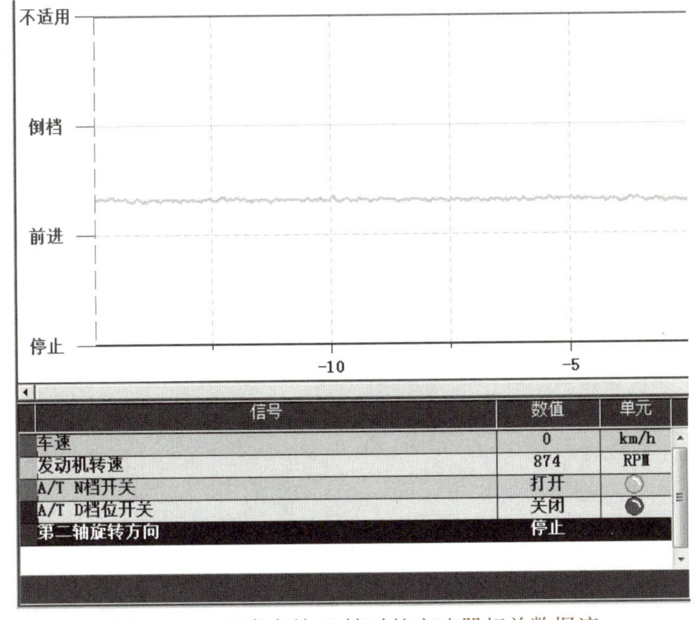

图 3－26　正常车挂 N 挡时的变速器相关数据流

步骤 6　根据上述检查分析，认为倒挡制动器存在故障的可能性非常大。于是，决定分解变速器以便进一步检查。拆检变速器，发现倒挡制动器摩擦片烧灼严重，如图 3－27 所示。继续检查，发现倒挡复位弹簧座定位卡环已从变速器壳体上的卡环槽内脱离，如图 3－28 所示。

图 3-27　倒挡制动器摩擦片烧灼严重

图 3-28　倒挡复位弹簧座定位卡环已脱离卡环槽

故障排除

更换倒挡制动器摩擦片及倒挡复位弹簧座定位卡环，按标准流程重新装配变速器后路试，上述故障现象不再出现，故障排除。

故障分析

查阅相关资料得知，D挡动力传递路线示意如图 3-29 所示。具体传递过程如下：液压

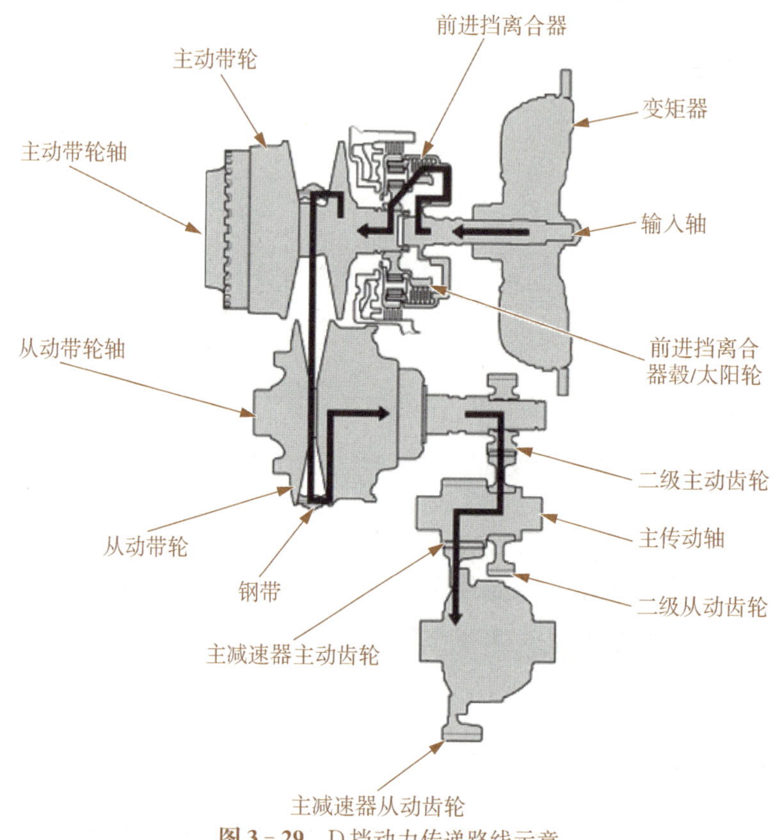

图 3-29　D挡动力传递路线示意

施加至前进挡离合器→前进挡离合器接合前进挡离合器毂/太阳齿轮与主动带轮轴→主动带轮轴驱动从动带轮轴和二级主动齿轮及二级从动齿轮→动力传送到主减速器主动齿轮上,并驱动主减速器从动齿轮。R挡动力传递路线示意如图3-30所示,具体传递过程如下:液压施加至倒挡制动器→倒挡制动器锁止行星齿轮架→齿圈与前进挡离合器鼓相结合,输入轴通过行星小齿轮驱动行星太阳齿轮→太阳齿轮以输入轴旋转方向的反方向转动,并驱动主动带轮轴→主动带轮轴驱动从动带轮轴和二级主动齿轮及二级从动齿轮→动力传送到主减速器主动齿轮上,并驱动主减速器从动齿轮。

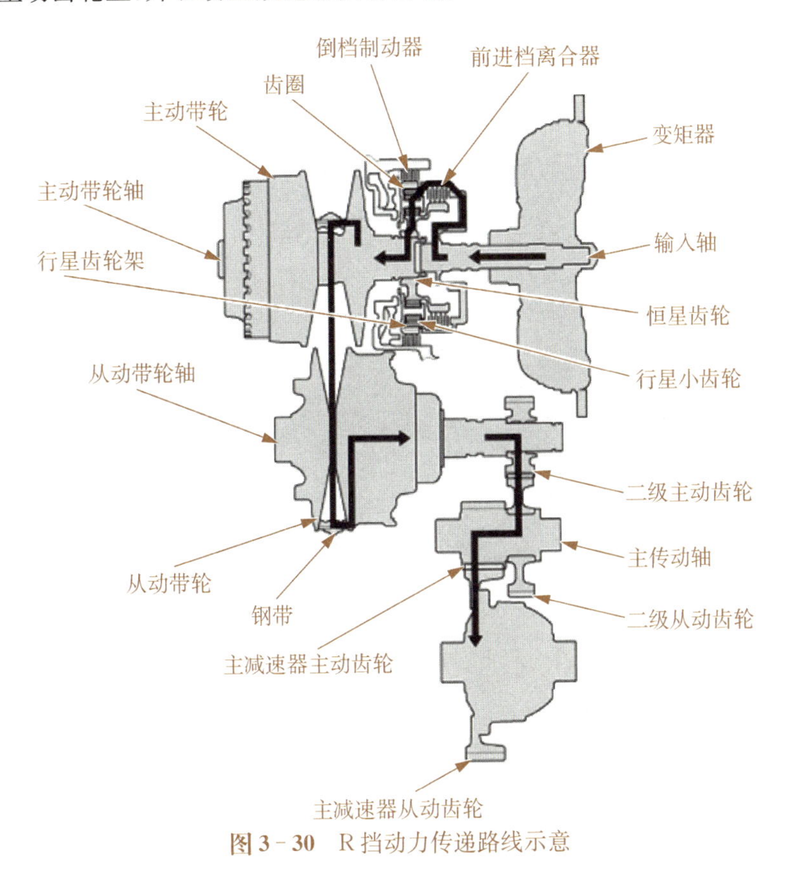

图3-30　R挡动力传递路线示意

结合上述D挡时的动力传递路线分析,在起步过程中,由于倒挡复位弹簧座定位卡环意外脱离,倒挡复位弹簧座使得倒挡制动器意外接合,进而造成液力变矩器涡轮转速、输入轴转速及输出轴转速出现异常波动。当车速低于5 km/h时,能感觉到车辆有明显的抖动。而当车速高于5 km/h时,由于车辆前进的惯性逐渐增加,此时倒挡制动器的影响就显得微乎其微,故抖动一般不容易感觉出来。

故障点评

在该故障案例诊断过程中,车主来店报修的故障现象不够全面,而后期试车过程中发现的故障现象则帮助维修人员缩小了故障的排查范围。因此,故障现象的确认对于排除故障显得至关重要。其次,在故障诊断过程中,要善于灵活运用仪器设备,精准分析采集到的数据,并结合系统工作原理,快速、准确地判断故障所在的部位。

案例五 新能源动力系统故障:仪表故障警示灯亮

故障车辆基本信息

宝马 G38 PHEV 车,搭载 XB1H B38 发动机,累计行驶里程约为 3012 km。

故障现象描述

车辆在行驶中仪表突然有个红色故障警示灯亮起,如图 3-31 所示。

图 3-31 红色故障警示灯亮

故障诊断与检测

步骤 1 车辆进车间检查:该车仪表显示的故障灯为高压电驱动装置警告灯。

步骤 2 连接诊断电脑检测:系统存储了高压系统绝缘监控的故障,如图 3-32 所示。

ISTA 系统状态:4.22.40.19945　　数据状态:R4.22.40　　编程数据:4.22.41

车架号::LBVKY9109KSR98772　　车辆::5'/G38/四门车/530Le iPerformance/B48,GC1/自动变速箱/ECE/左座驾驶型/2019/03

工厂整合等级:S15C-19-03-546　　整合等级(实际):S15C-19-03-546　　整合等级(目标):S15C-20-03-540

总行驶里程:3012 km

代码	说明	里程数	存在	类别
21F14D	高压系统:在接通的接触器上,绝缘电阻低于警告阈值	2271	是	
21F14C	高压系统:在接通的接触器上,绝缘电阻低于阈值(故障)	2791	是	
S 0400	高压蓄电池:充电状态不足	3012	是	
805535	交流充电:未识别到充电插头,尽管充电插头锁止件已激活	639	未知	
030EC9	AC 充电:尽管充电未准备就绪,但存在电源电压	2921	否	信息
030F00	高压车载网络:绝缘电阻在误差限值以下	2791	是	信息
8040A9	起动/停止按钮霍尔传感器:误操作(斜压)	2732	否	信息
801A4A	防盗报警系统:倾斜报警传感器和车内防盗监控传感器禁用	2996	未知	信息
800A01	KAFAS 摄像头:摄像头视野受天气情况影响	300	否	信息
S 8411	互联驾驶远程通信箱功能限制	2337	是	
S 8412	互联驾驶主机功能限制	3012	是	

图 3-32 高压系统绝缘监控的故障

步骤 3　查看故障代码环境条件信息：故障频率 42 次，记录的绝缘电阻偏低，如图 3－33 所示。

ISTA 系统状态：4.22.40.19945　数据状态：R4.22.40　编程数据：4.22.41

车架号：：LBVKY9109KSR98772　车辆：：5'/G38/四门车/530Le iPerformance/B48,GC1/自动变速箱/ECE/左座驾驶型/2019/03

工厂整合等级：S15C-19-03-546　整合等级（实际）：S15C-19-03-546　整合等级（目标）：S15C-20-03-540

总行驶里程：3012 km

故障代码

SME 21F14D 高压系统：在接通的接触器上，绝缘电阻低于警告阈值

扩充的故障类型

当前存在故障

故障目前未控制报警灯

环境条件

条件	第一条故障记录	最后一条/当前故障记录
SAE 故障代码	--	--
信息记录（1：是，0：否）	0	0
时间戳	2020/1/23 12:12:44	2020/4/12 14:50:15
里程数	618 km	2271 km
频率	42	42
高压系统绝缘电阻（工作中测量）	224.5 kOhm	377.5 kOhm
高压系统绝缘电阻（空转中测量）	2000 kOhm	370.5 kOhm

图 3－33　故障代码环境条件信息

步骤 4　对于高压系统监控是否有绝缘故障分析：

（1）绝缘监控确定。激活的高压部件（例如高压线）和接地之间的绝缘电阻是否超过或低于要求的最小值。如果绝缘电阻低于最小值，则存在车辆零件处于危险电压下的危险。

（2）绝缘监控位于安全箱内。在高压系统激活期间，定期（大约每隔 5 s）通过电阻测量执行绝缘监控（间接绝缘监控）。在此接地作为基准电位。

（3）在没有附加措施的情况下，通过这种方式只能确定高压蓄电池单元内局部存在的绝缘故障。但是，至少同样重要的是确定车辆内铺设的高压导线至接地的绝缘故障。出于这个原因，高压组件的所有可导电壳体都与接地导电连接。因而，可以确定整个高压车载网络内的绝缘故障，而且是从高压蓄电池单元的一个中央位置开始。

（4）绝缘监控的反应分为两个级别。如果绝缘电阻低于第一个阈值，对人还没有直接危险。因此，高压系统保持激活，不输出检查控制信息，但故障状态将被保存在故障代码存储器中。低于第二个更低的绝缘电阻阈值，不仅进行故障记录，而且也会输出检查控制信息。

（5）高压系统的绝缘电阻标准值：

① 高压系统的绝缘电阻正常值：大于 1 500 kΩ；

② 高压系统的绝缘电阻不正常：小于 1 500 kΩ；

③ 警告阈值：在集成等级 19－03－500 之前：小于 315 kΩ；从集成等级 19－03－500 起：小于 210 kΩ；

④ 误差限值：在集成等级 19－03－500 之前：小于 210 kΩ；从集成等级 19－03－500 起：小于 42 kΩ；

如果绝缘电阻低于最小值,则存在车辆零件处于危险电压下。高压电池内部结构如图 3-34 所示。

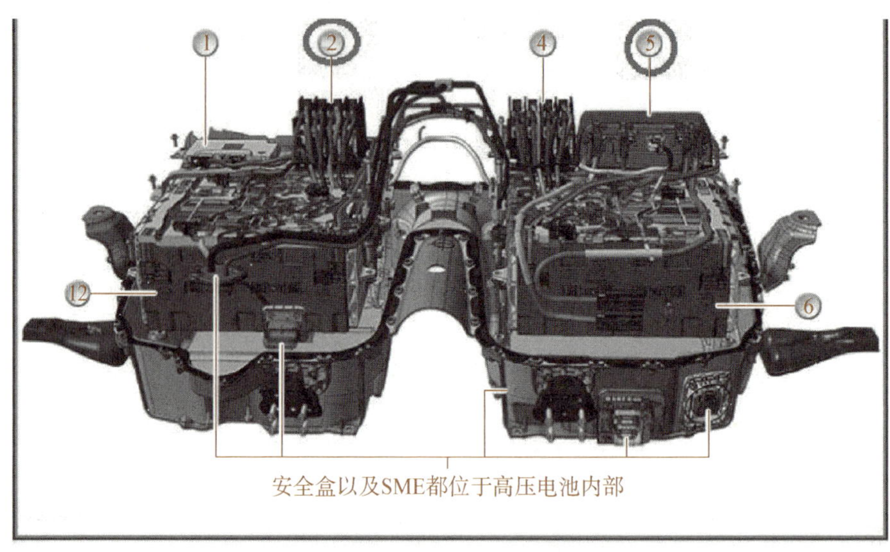

索引	说明	索引	说明
1	存储器管理电子装置(SME)	1	电池监控电子设备
3	壳体盖	3	电池监控电子设备
5	安全箱	5	双电池单元模块

图 3-34 高压电池内部结构

步骤 5 执行检测计划:根据标准值检测高压车载网络定位绝缘故障(ABL-DIT-AT6100_HVISOGEN3),如图 3-35 所示。

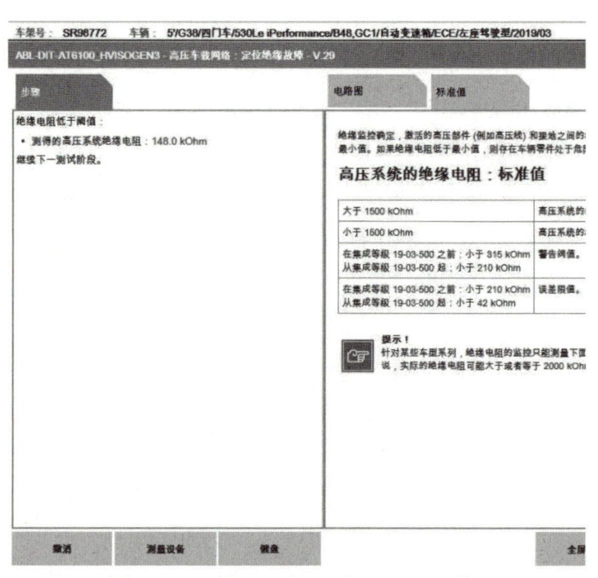

图 3-35 高压系统绝缘电阻标准值

高压系统影响绝缘监控故障的部件包括高压蓄电池单元、电机电子装置 EME、电机、便捷充电接口 KLE、高压充电接口、电辅助加热装置 EH 以及电动空调泵 EKK，如图 3－36 所示。

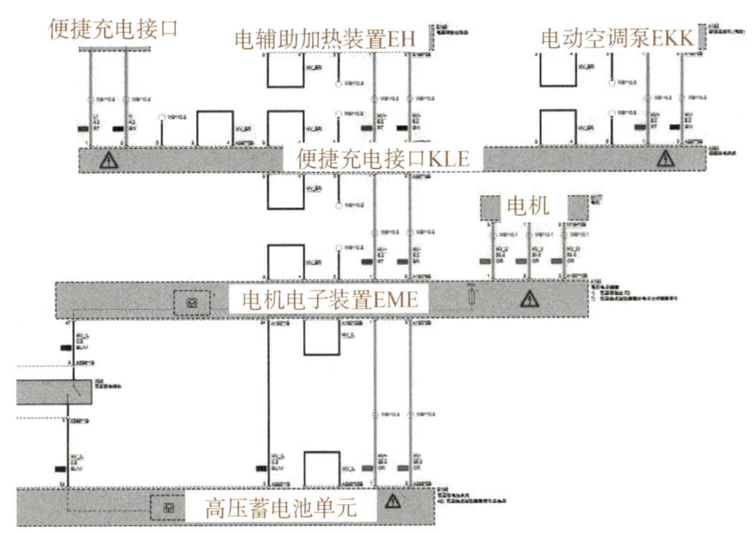

图 3－36　高压系统影响绝缘监控故障的部件

执行检测计划，实际测量车辆的绝缘电阻只有 148.0 kΩ。继续执行以下检测计划：

(1) 系统自动断开高压电池接触器后，测量了高压电池内部的绝缘电阻，显示正常，可以判断绝缘故障来自外观的高压部件或高压导线，如图 3－37 所示。目检外围高压导线，未见明显的擦碰损伤痕迹。

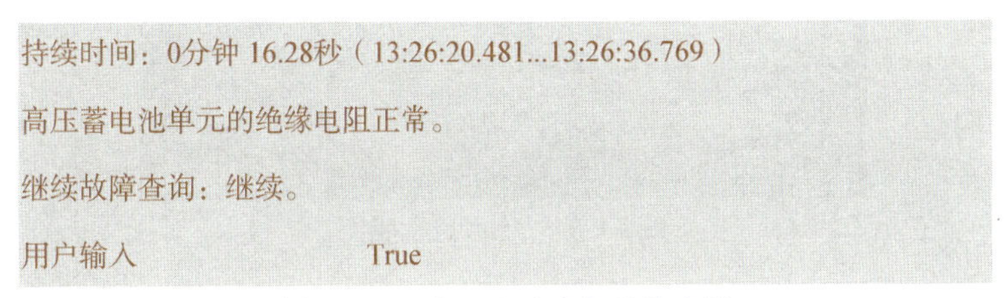
持续时间：0分钟 16.28秒（13:26:20.481...13:26:36.769）

高压蓄电池单元的绝缘电阻正常。

继续故障查询：继续。

用户输入　　True

图 3－37　高压电池内部绝缘电阻

(2) 继续检测计划。按照要求，关闭的空调功能(电动空调压缩机 EKK 及电辅助加热器 EH 退出工作)高压充电接口未连接充电设备，如图 3－38 所示。系统在 EME 中的电机和电动空调压缩机内的空调通过操控切换为主动短路。测量高压系统中的绝缘电阻依旧低于阈值。可以排除 EME、电机以及至电机的高压导线。

按照检测计划，使车辆进入休眠后，断开高压电。在显示屏上正确出现断电提示后，关闭钥匙，将 KLE 模块侧连接至 EKK 的高压线拔掉，并安装圆形高压插头适配器(专用工具号码 8330 2 336 647)。安装好后重新上高压电，再次执行绝缘电阻测量，系统测量绝缘电阻还是低于于阈值：123 kΩ。这样就排除了 KLE 至 EKK 之间的导线和 EKK 本身的问题。各接口示意图如图 3－39 所示。

(3) 再次将高压系统断电，将 KLE 处的 EKK 插头复位。然后，拔下了 EH 插头，并将高压模拟圆插头(专用工具号码 8330 2 336 647)连接到 KLE 高压插头上。这样做的目的是将 EH 以及 EH 至 KLE 的高压线隔离，如图 3 - 40 和图 3 - 41 所示。

图 3 - 38　关闭空调功能信息

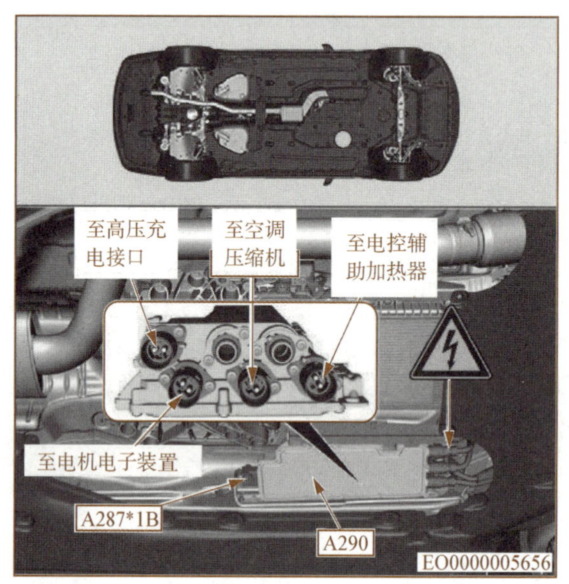

图 3 - 39　各接口示意图

图 3 - 40　将 EH 以及 EH 至 KLE 的高压线隔离

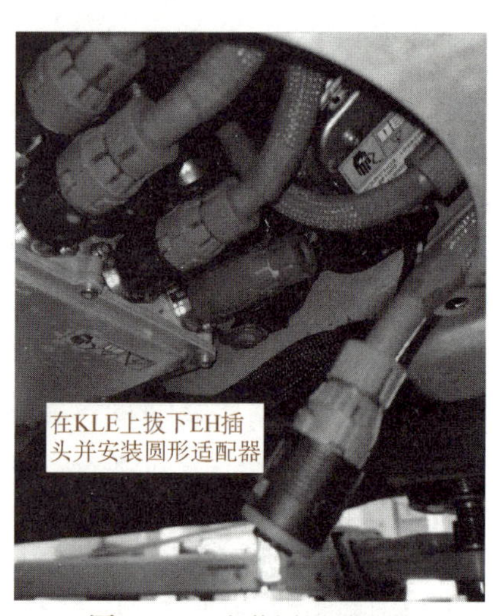

图 3 - 41　安装圆形适配器

执行绝缘电阻测试，电脑给出的结论是：绝缘电阻正常，如图 3－42 所示。

信息
持续时间：0 分钟 12.72 秒(13:44:55.663...13:45:08.385)
绝缘电阻正常。
现在只需考虑电控辅助热器或 KLE 和电控辅助加热器之间的高压线。
继续下一测试阶段。
用户输入　　　　　True

图 3－42　绝缘电阻测试信息

(4) 将车辆高压断电后，KLE 处的 EH 插头复位；然后，在 EH 处拔下高压插头，并连接高压模拟圆插头(专用工具号码 8330 2 336 647)后继续执行检测计划；最后，系统提示：KLE 和电控辅助加热器之间的高压导线故障，需要更换。

提示　由于电控辅助加热器中不断出现温度波动，高压插头底部的湿气会积聚并导致绝缘故障。如果电控辅助加热器的更改索引小于 2，则另外更换电控辅助加热器。查看车辆安装的 EH，系列号为 01，如图 3－43 所示。

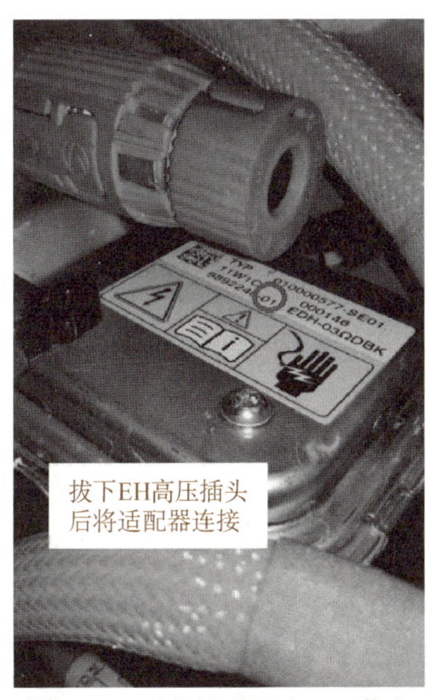

图 3－43　车辆安装充电 EH 信息

步骤 6　更换电辅助加热装置 EH 和 EH 至 KLE 的高压导线后，发现 030F00 故障无法删除，如图 3－44 所示。

故障代码存储器

SGBD	BNTN	设码编号	说明	里程数	目前是否存在？
EME_G12	EME-GEN3-EME	0x030F00	高压车载网络：绝缘电阻在误差限值以下	3103	是

图 3－44　故障信息

再次执行检测计划：高压车载网络定位绝缘故障(ABL－DIT5AT6100_HVISOGEN3)。系统测得的高压系统绝缘电阻为 2 000.0 kΩ，绝缘电阻正常。

提示 绝缘电阻的监控只能测量下面的最大值2 000 kΩ。也就是说，实际的绝缘电阻可能大于或者等于2 000 kΩ。继续检测计划，系统提示该故障可以忽略。车辆休眠后，该故障可以删除。车辆休眠半小时左右测试，故障依旧。对车辆断电20分钟左右再次诊断，故障依旧。最后，对车辆进行了软件升级后，故障可以删除，仪表报警灯熄灭。

故障排除

更换EH及高压导线，并对车辆进行软件升级。

思考题

1. 新能源汽车高压系统检修安全注意事项有哪些？
2. 如何检测高压系统绝缘故障？

案例六 新能源混合动力故障：发动机故障灯亮

故障车辆基本信息

沃尔沃S90L车，搭载B4204T35发动机和型号为TG－81SC的变速器，累计行驶里程约为30 890 km。

故障现象描述

行驶时仪表偶尔有信息提示“混合动力系统故障”。

故障诊断与维修

步骤1 经确认仪表发动机故障灯点亮，但是信息提示已消失，经测试当前可以电力启动，客户反映属实，如图3－45所示。

图3－45 车辆仪表显示

步骤 2　选取 CSC 后，VIDA 读取 DTC 如图 3－46 所示：

BECM－P0C4200 混合动力/电动车蓄电池组冷却剂温度传感器[A]电路

BECM－P0AA800 混合/电动车蓄电池电压隔离传感器电路范围/性能

IEM－U300362 蓄电池电压　演算基本故障　信号比较故障

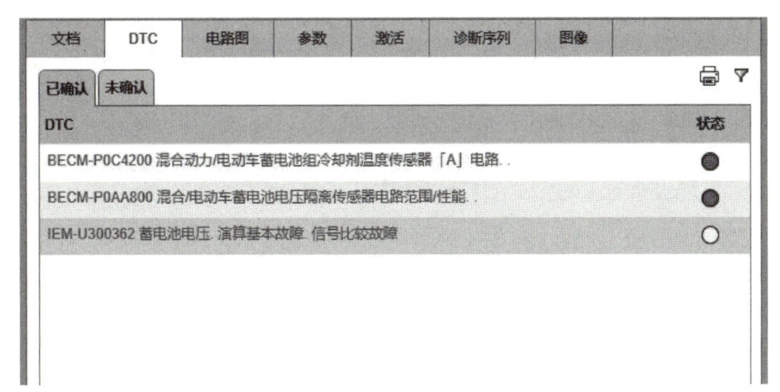

图 3－46　DTC 信息

步骤 3　以 DTC BECM－P0AA800 查询 TIE 网未发现相关 TJ。

步骤 4　以 DTC BECM－P0C4200 查询 TIE 网发现 TJ33931，但是车辆结构周不在范围。

步骤 5　读取高压蓄电池，电池芯电压概览，如图 3－47 所示。

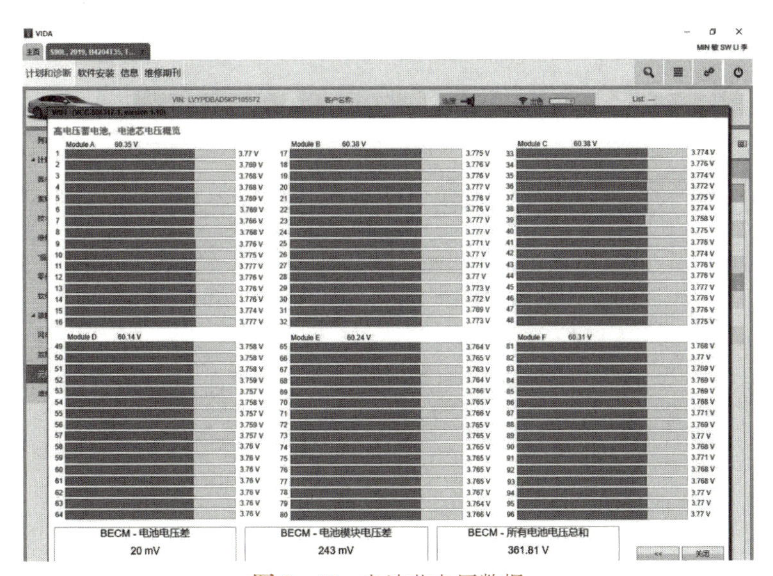

图 3－47　电池芯电压数据

步骤 6　读取高压蓄电池，蓄电池充电状态概览如图 3－48 所示。

步骤 7　BECM－P0AA800 的 DTC 扩展信息为：绝缘测试显示电阻值低于 250 kΩ。

步骤 8　经检查高压蓄电池冷却液液位正常，可以初步排除因高压蓄电池内部泄漏冷却液而引起的绝缘故障，如图 3－49 所示。

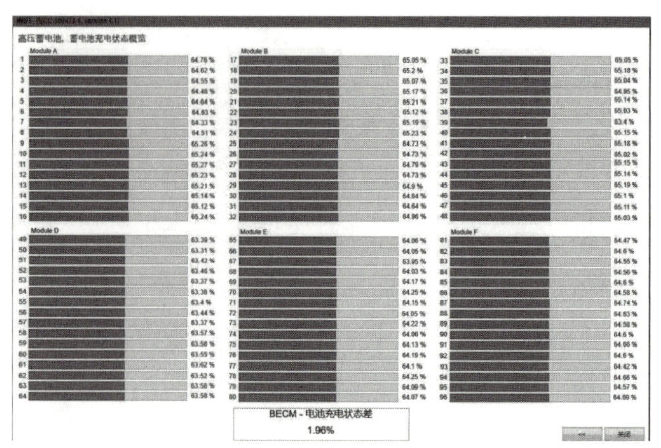

图 3 - 48　BECM 电池充电状态

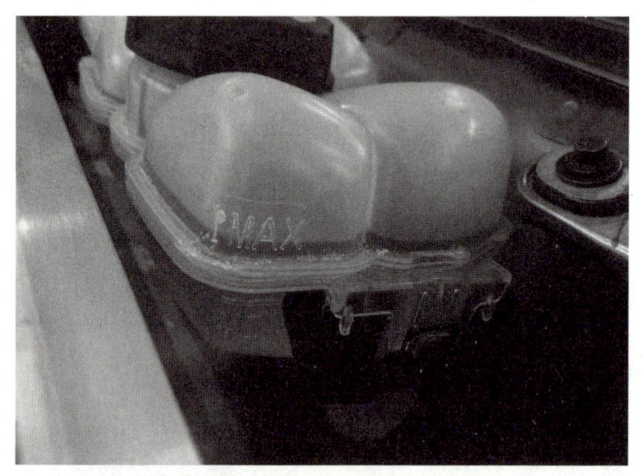

图 3 - 49　高压蓄电池冷却液液位

步骤 9　尝试执行高电压系统自我绝缘测试，显示为“自我测试状态-受到中断”，如图 3 - 50 所示。

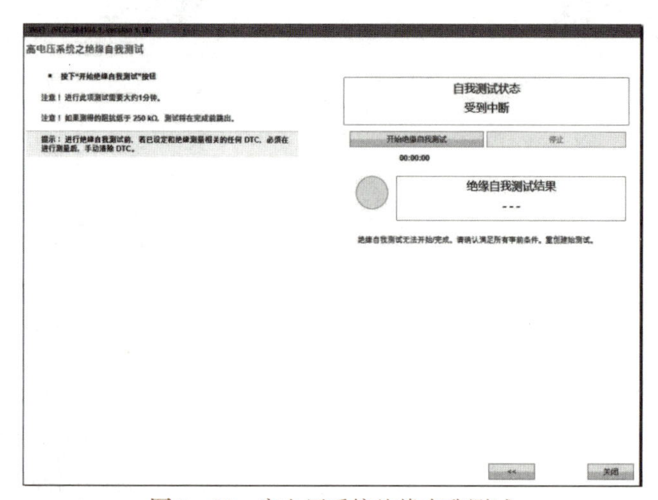

图 3 - 50　高电压系统绝缘自我测试

步骤 10　尝试将车辆软件升级为最新后，再次执行高电压系统之自我绝缘测试，测试结果显示为 591 kΩ，绝缘故障存在，如图 3 - 51 所示。

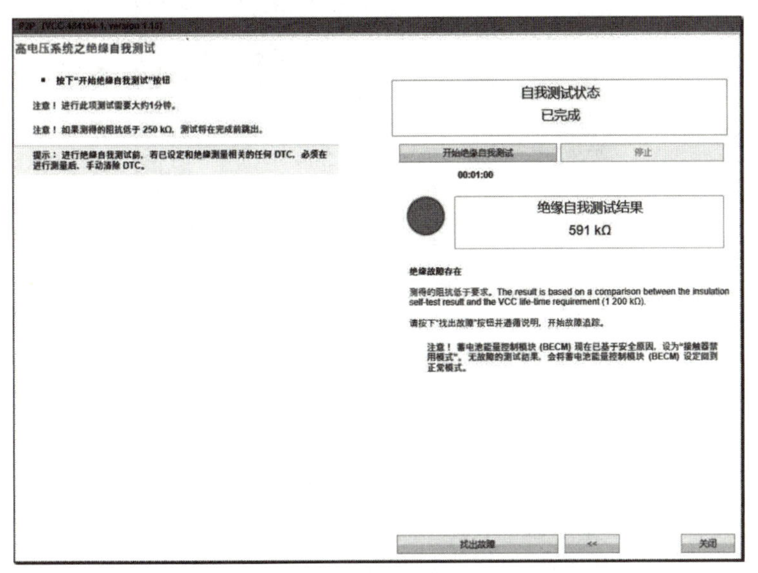

图 3 - 51　高电压系统绝缘自我测试

步骤 11　尝试执行高压系统手动绝缘测试，如图 3 - 52 所示。当执行到步骤二时测得 C 与接地之间绝缘电阻为 2.55 MΩ，低于 VIDA 要求的 10 MΩ 及以上标准，如图 3 - 53 所示。

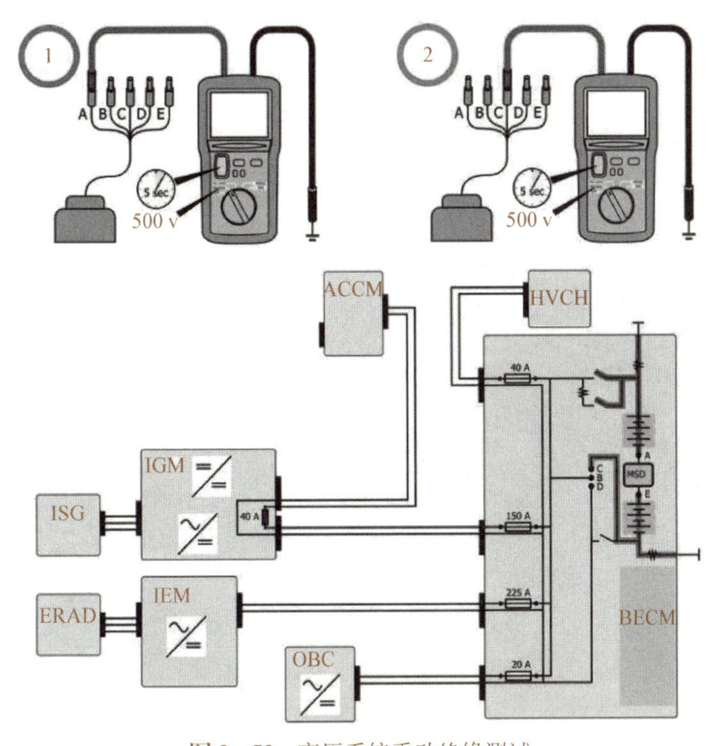

图 3 - 52　高压系统手动绝缘测试

图 3-53　高压系统手动绝缘测试结果

步骤 12　根据 VIDA 测量结果解读为，绝缘故障位于高电压蓄电池内部。

步骤 13　进一步拆解高压蓄电池分别测得以下数据：

① 测量电池模块组 C 正极与壳体之间电压为 11.4 V，如图 3-54 所示。

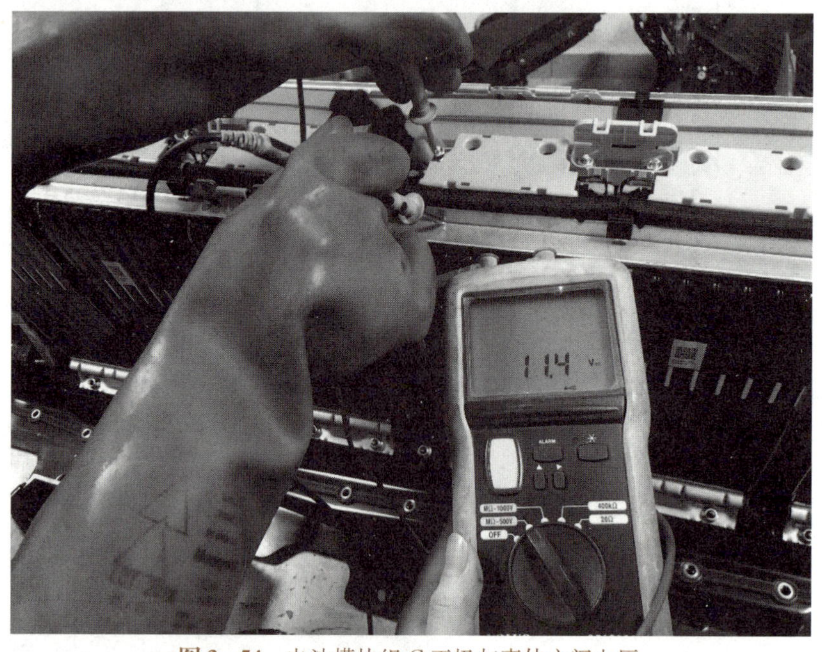

图 3-54　电池模块组 C 正极与壳体之间电压

② 断开 A 的负极后再次测量 C 正极与壳体之间电压为 10.3 V，如图 3 - 55 所示。

图 3 - 55　断开 A 的负极后再次测量 C 正极与壳体之间电压

此时，再次测量专用工具 9513091 的 C 插头与壳体之间的绝缘阻值为 42.5 MΩ 左右。

步骤 14　分别断开电池模块 AB 和 BC 之间连接器后，分别测得以下数据：

① 电池模块 C 正极和负极与壳体之间电压为 0，如图 3 - 56 所示。

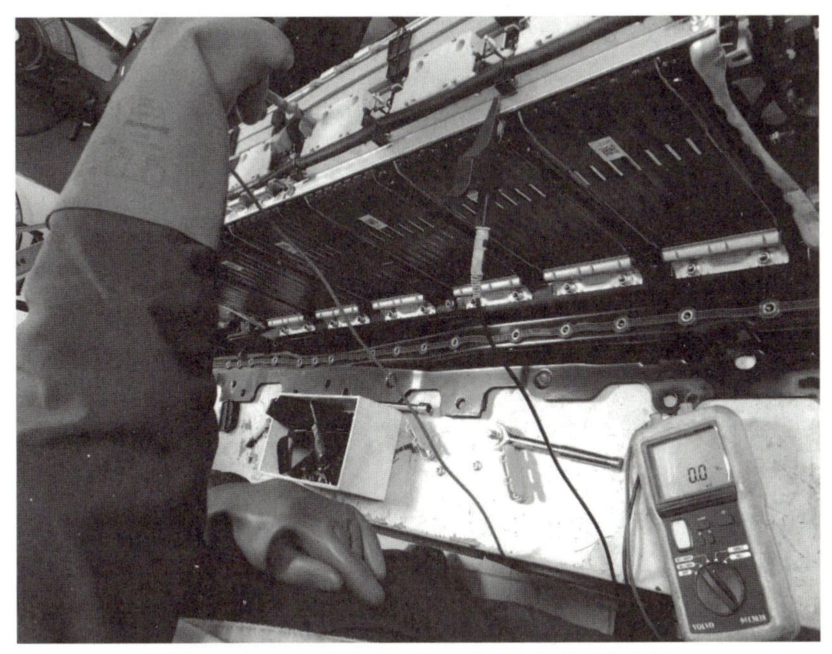

图 3 - 56　电池模块 C 正极和负极与壳体之间电压

② 电池模块 B 正极和负极与壳体之间电压为 0，如图 3－57 所示。

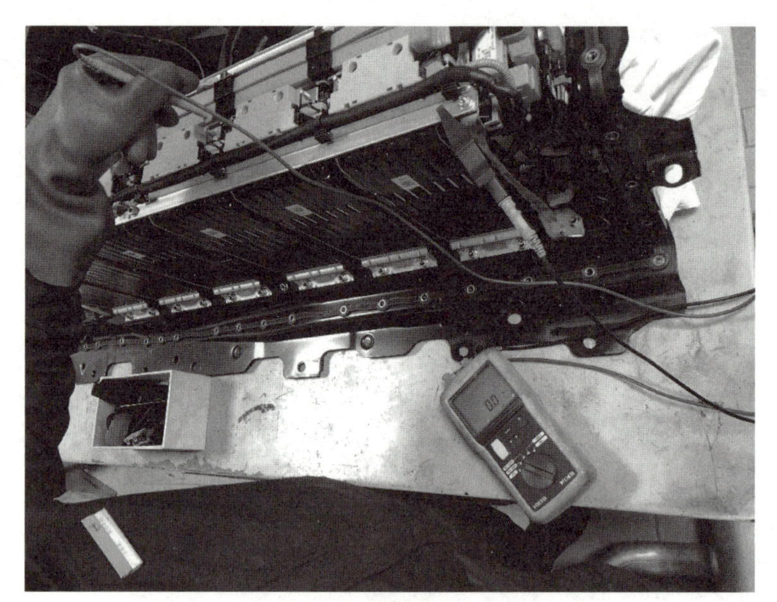

图 3－57　电池模块 B 正极和负极与壳体之间电压

电池模块 A 正极与壳体之间电压为 1.4 V，如图 3－58 所示。

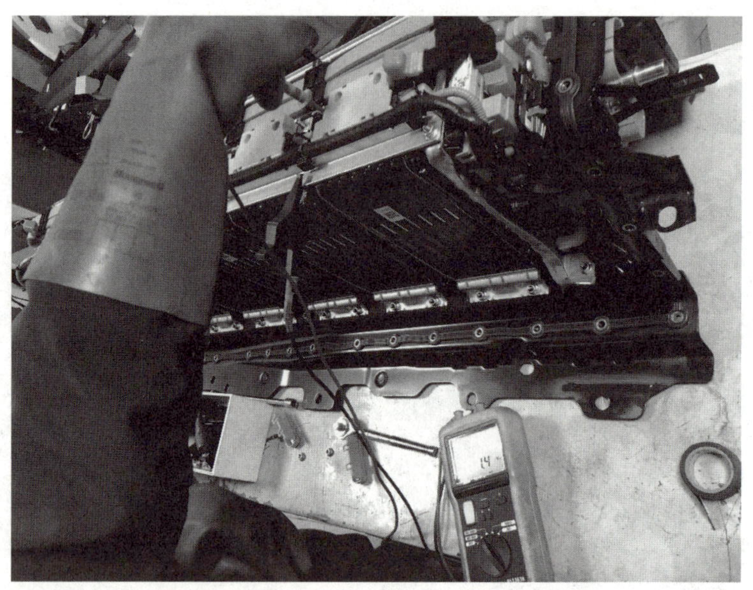

图 3－58　电池模块 A 正极与壳体之间电压

步骤 15　尝试对电池模块 A 的负极与蓄电池壳体之间进行绝缘测试，测得绝缘阻值为 3.48 MΩ，低于 10 MΩ。

步骤 16　分别对电池模块 B 和电池模块 C 的负极与蓄电池壳体之间进行绝缘测试，测得绝缘阻值均大于 10 MΩ。

步骤 17　通过上述测量判断，确认电池模块 A 与高压蓄电池壳体之间存在绝缘故障。

故障排除

更换电池模块 A，装复高压蓄电池后，经试车后故障未再出现，确认故障已排除。

故障点评

(1) 由于当前维修需要更换电池模块，而不是更换高压蓄电池总成。因此，电池模块更换前，需要使用平衡仪对新电池模块进行充放电操作，使得新电池模块电压与电池包内的其他电池模块的电压相匹配。

(2) 注意：在对新电池模块做平衡时，可能需要执行两次平衡操作，尽量将新电池模块的电压与其他未更换的电池模块之间的电压差降到最低，避免重复拆装。

(3) 完成维修后，执行 3 次完全充放电，重设 SOH，记录 SOC、电芯电压概览。

思考题

1. 如何检测动力电池绝缘故障?
2. 如何对新电池模块进行平衡?

案例七　新能源混合动力故障:无法上高压电

故障车辆基本信息

一辆 2018 款广汽三菱祺智 PHEV(车型为 GMC6450ACHEVXJ)，搭载 1.5L 阿特金森循环发动机和 GMC 机电耦合系统组成的混动系统，累计行驶里程约 7.3 万公里。

故障现象描述

车主反映，该车无法进入"Ready"状态，即无法上高压电，车辆无法行驶。

故障诊断与检测

接车后试车，踩下制动踏板，按下起动按钮，车辆无法进入"Ready"状态，且组合仪表上的动力系统故障警告灯亮，显示动力电池剩余电量(SOC)为 86%；用故障检测仪检测，在电池管理模块(BMS)中存储有故障代码"P166A00 电池内部绝缘故障"和"P16A692 绝缘阻抗低"。由此推断，该车高压部件或高压线束存在绝缘故障，导致无法上高压电。

如图 3-59 所示，该车高压系统主要由动力电池、集成电机控制器(IPU)、机电耦合单元(GMC，包含发电机、电动机及液压耦合系统)、加热控制器(PTC)、电动空调压缩机(ECP)、高压液体加热器(HVH)、车载充电机(OBC)等高压部件及相关高压线束组成。

做好场地防护与个人高压防护，确认故障车辆已经成功下高压电，将车钥匙锁在专用的存放柜。拆下后排坐垫，断开手动维修开关(MSD)，等待 10 分钟，脱开动力电池总成上的高压线束连接器，测量各高压端子与车身搭铁间的绝缘电阻值，如图 3-60 所示。均为

550 MΩ(标准值>500 Ω/V),说明动力电池本体绝缘正常。

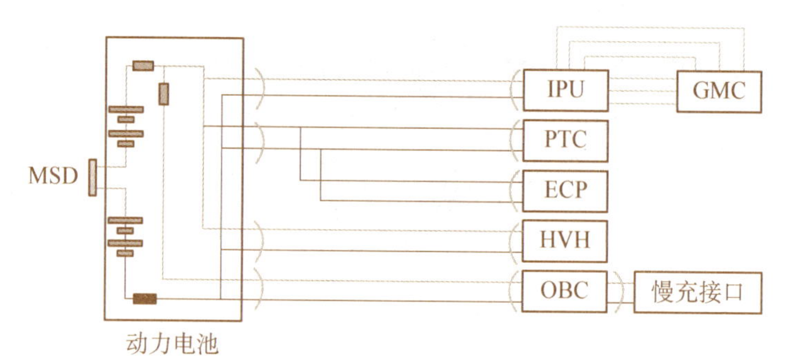

图 3－59 广汽三菱祺智 PHEV 车高压系统

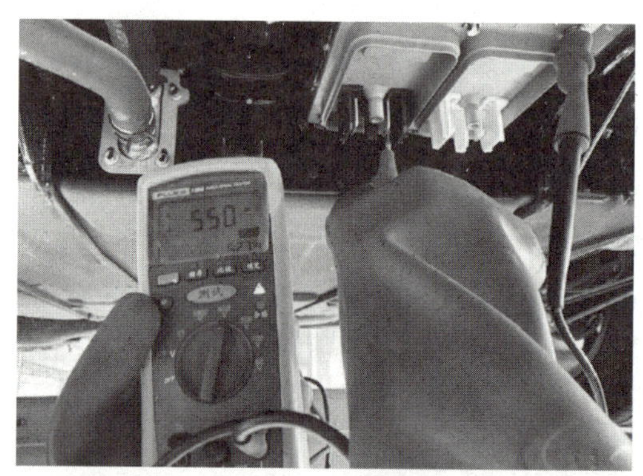

图 3－60 测量动力电池高压端子绝缘电阻

脱开 IPU 高压导线连接器,分别测量发电机、驱动电机端子 U、端子 V、端子 W 与车身搭铁间的绝缘电阻值(注意:绝缘电阻表红表笔金属端不能触碰 IPU 高压接口屏蔽金属网),均为 550 MΩ(标准值>20 MΩ),如图 3－61 和图 3－62 所示,说明 IPU 本体绝缘正常。

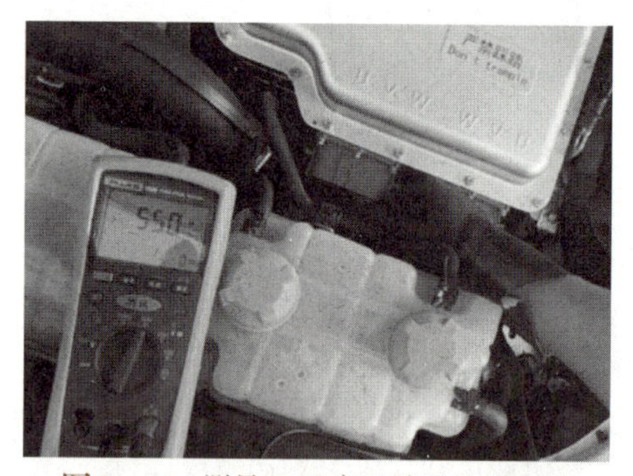

图 3－61 测量 IPU 高压端子绝缘电阻

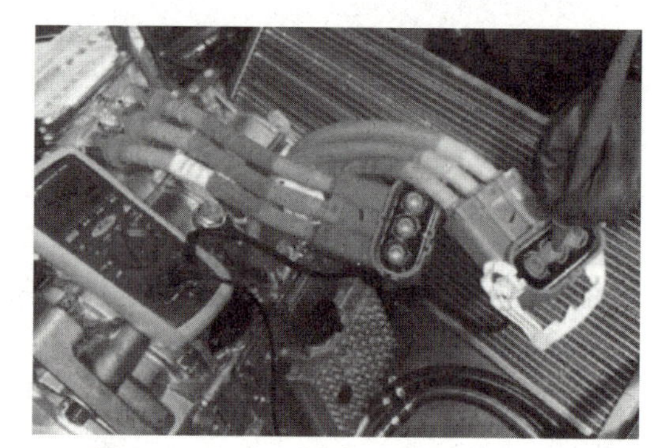

图 3－62 测量 IPU 高压线束绝缘电阻

接着用相同的方法依次对 ECP、PTC、OBC、HVH 等高压部件本体及高压线束进行绝缘测量。当测量 HVH 本体时,绝缘电阻为 0.49 MΩ(标准值>5 MΩ),如图 3－63 所示,且重复测量结果一致,由此判断 HVH 内部存在绝缘故障。

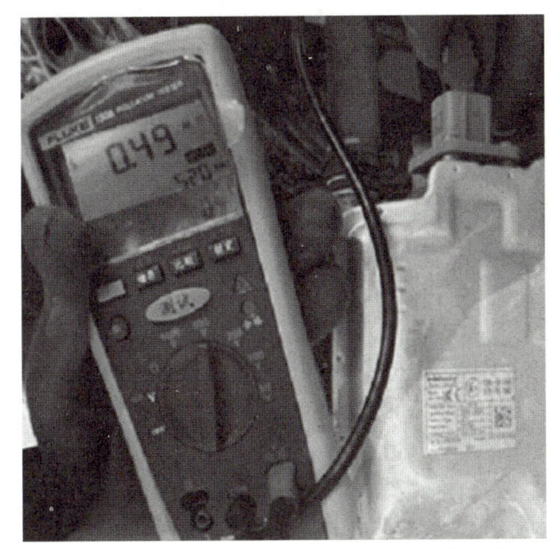

图 3-63 测量 HVH 高压端子的绝缘电阻

故障排除

更换 HVH 后反复试车，高压上电恢复正常，且车辆行驶一切正常，故障排除。

故障点评

该故障是新能源汽车的常见故障。汽车维修人员要熟悉各高压部件的绝缘电阻的检验和测量方法；测量后将结果与标准值比较，从而锁定故障范围，将故障排除。

思考题

1. PHEV 混合动力汽车高压部件主要包括哪几个部分？
2. 高压部分检测时如何做好安全防护？

项目四

汽车底盘系统维修

项目情景

汽车维修是汽车维护和修理的统称。就是通过技术手段排查出现故障的汽车，找出故障原因，并采取一定措施，排除故障并恢复到一定的性能和安全标准。

汽车底盘是整个汽车结构的基本框架之一，也是汽车组成的重要基础。汽车底盘连接着众多汽车零部件，使之成为一体。随着汽车制造工艺的发展，汽车底盘的制作更具专业性和精密性，加上汽车底盘本身零部件较多，所以汽车底盘检修的复杂性和难度非常高。

汽车底盘的故障主要表现在特定条件下的汽车性能、零部件及温度等出现异常或是系统性的失灵。这就需要维修人员通过检测排查各个零部件，找出汽车底盘的问题点，进而开展维修工作。本项目列举介绍汽车底盘容易出现问题的几大要点，详细介绍故障寻找方法，讲解维修方法，使学生具备基础的汽车底盘维修技能。

任务一　汽车转向系统维修

技能与学习要求

1. 能根据车辆使用手册要求,认知汽车的转向系统;
2. 能根据车辆使用手册要求,养成安全文明操作的习惯;
3. 养成队员之间相互合作,并做好清洁工具及场地的5S规范;
4. 培养爱国、强国意识,弘扬创造精神和劳动精神。

任务描述

能查阅车辆使用手册,规范完成:
1. 检查转向盘自由行程;
2. 检查与更换转向助力油;
3. 更换转身助力泵;
4. 检查与更换转向器。

内容与操作步骤

步骤1　检查转向盘自由行程

(1) 调整车轮　检查车轮与方向盘是否处于直线行驶位置,如图4-1所示,如不处于直线位置,及时调整至直线位置,并插入汽车钥匙调至通电。

图4-1　检查车轮与方向盘是否处于直线行驶位置

(2) 检查与安装转向测试仪　观察测试仪面板,判断是否正常,同时将方向盘套装入转向测试仪上,如图4-2所示。将测试仪背部朝上,安装方向盘固定支架,并用螺栓固定在支架上。把转向测试仪器与方向盘平行放置,形成两个相互平行的平面。

先安装顶部的方向盘固定支架卡钳,再调整方向盘左右两边的方向盘支架长度。长度确定后,固定方向盘卡钳,如图4-3所示。

开机,调整转向测试仪的相关参数,按下控制面板上的开机键,观察面板显示器上是否可以完整显示三位数值。观察仪器左侧显示器的具体数值,调整归零。

(3) 动手测试方向盘的自由行程　将点火开关调到ACC挡,拉起手刹,变速杆处在空

挡,如图 4-4 所示。

图 4-2 检查与安装转向测试仪

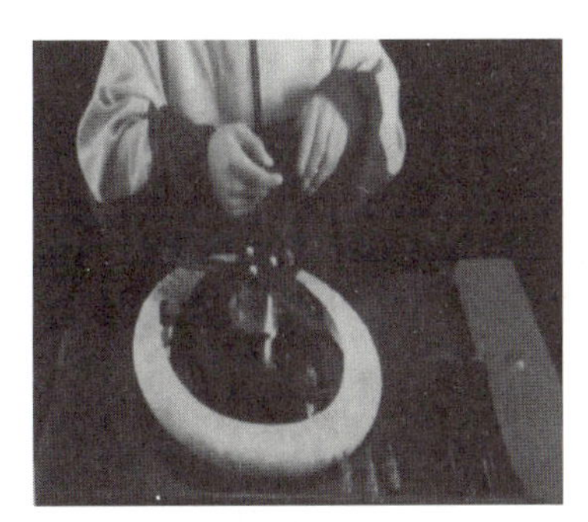

图 4-3 安装方向盘固定卡钳

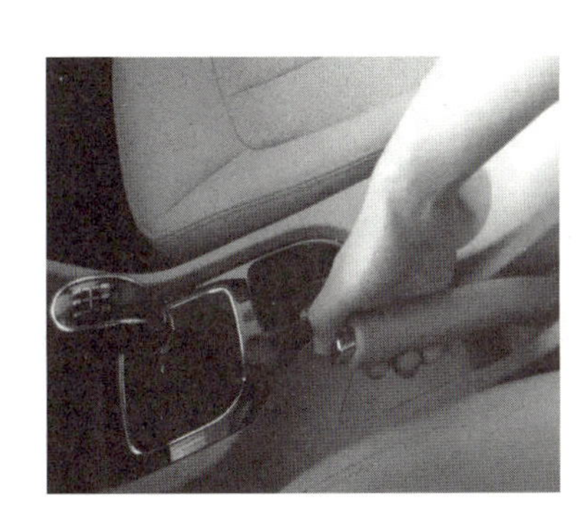

图 4-4 检查手刹与变速杆位置

将钥匙调至 ACC 挡,向左转动方向盘。为保证检测质量,再次观察转角显示处,是否在零点位置,如不是及时调整。向左右依次转动方向盘至力矩显示为 3N·m,按下保持键。此时显示的转角分别为方向盘向左向右的自由行程。

步骤 2 检查转向助力油

(1) 发动机怠速运转,反复将转向盘打到底,使转向助力油温度达到 40~80℃ 如转向助力油液起泡或发白,应换油;油面应在规定范围之间,若油液不足,在检查各部位无泄漏后,应按规定牌号补足转向助力油。

(2) 定期更换　根据转向助力油的使用周期,一般为2年或3万~4万公里后,应更换转向助力油。

(3) 排放废弃转向助力油与加注转向助力油　去掉助力泵油管,然后去掉油壶,将油壶拿高,用容器接住流出来的助力油。

换助力油时,先将汽车打着,用抽油器将旧油吸干净。将新的助力油注入,来回转动方向盘,让新油渗透。再次将助力罐中的油吸走,注入新的助力油,再次转动方向盘。第三次将助力油吸走,确保旧油被完全清除干净。然后注入新油。

(4) 竣工后检查　检查转向助力油,清洁与整理工具,并做好实训场地的5S规范。

步骤3　更换转向助力泵

(1) 断开转向助力泵进油管,用接油容器接油,防止油落地　选用鲤鱼钳,将进油管固定卡箍移动到适合的位置,防止滴油。拆下进油管,用标准的油管塞子堵住管口的助力泵的进油口。断开转向助力泵出油管,选择专用扳手拧松出油管固定螺母并旋出螺母。向左右两边打转方向盘,放出残余助力油后,同时用塞子堵住出油口和管口,防止滴油。

(2) 拆卸转向助力泵　拆除转向储油壶支架,支架有螺钉两颗,扭力要求为10~15 N·m;拆除转向压力油管、垫圈,扭力要求为52~58 N·m;拆除转向系统管卡;拆除转向器与转向储油壶的连接回油管;拆除转向助力泵与转向储油壶的连接油管;拆除转向助力泵上的高压管,扭力要求为52~58 N·m,作红色标;拆除转向助力泵的皮带连接。检查转向泵皮带上是否有破损或裂纹,必要时需更换;拆除转向助力泵,扭力要求为24~30 N·m。

(3) 检查与更换新转向助力泵　确认新的转向泵零件号是否正确;检查外观有没有损伤以及带轮转动是否卡滞;找到转向助力泵的双头螺柱,正确放入转向助力泵相应位置;按照相关维修手册,选择合适的工具,依次旋入转向助力泵上两个固定螺母。

(4) 安装转向助力泵进出口油管　取下油口塞子,使用相关工具,正确安装助力泵进油口与出油口,安装完成后,注意外表面的清洁工作。

步骤4　更换齿轮齿条转向器总成

(1) 松开车轮锁紧螺母、转向横拉杆球头销螺母,断开球头销的连接处,撬开方向盘的喇叭开关,松开并拆下方向盘固定螺母、拔开点火开关及转向等线速插头,松开并拆下转向柱固定螺杆(内6角),脱开转向柱与转向器连接处。

(2) 齿轮齿条转向器预紧轴承的更换　拆卸预紧轴承,用齿条导向帽扳手从调节器塞上拆卸调节器塞锁止螺母,再从壳体上拆卸调节器塞。拆卸调节器弹簧和齿条轴承。

安装预紧轴承,为相应轴承、弹簧、调节器抹上润滑脂,装入壳内。

(3) 转向器轴密封和轴承的更换　拆卸轴密封和轴承,从壳体上拆卸防尘罩,从齿轮上拆卸锁止螺母。同时握住枢轴,拆卸小齿轮和阀总成。拆卸下轴承总成固定环,并从下端压出轴承总成。

(4) 安装齿轮齿条转向器　安装转向齿轮,将上轴承和下轴承压在转向齿轮轴颈上,轴承内座圈与齿端之间应装好隔圈;把油封压入调整螺塞;将转向齿轮及轴承一块压人壳体;装上调整螺塞及油封,并调整转向齿轮轴承紧度。手感应无轴向窜动,转动自如,转向齿轮的转向力矩符合原厂规定,一般约为0.5 N·m。按原厂规定力矩紧固锁紧螺母,并装好防尘罩。

装入转向齿条,安装齿条衬套,转向齿条与衬套的配合间隙不得大于0.15 mm。装入转

向齿条导块、隔环、导块压紧弹簧、调整螺塞（弹簧帽）及锁紧螺母。调整转向齿条与转向齿轮的啮合间隙。安装垫圈和转向齿条端头。安装时应注意，转向齿条端头和齿条的连接必须紧固，锁止可靠。

安装横拉杆和横拉杆端头，并按原厂规定检查调整左、右横拉杆的长度，以保证转向轮前束正确。另外，横拉杆端头球销的夹角应符合原厂规定。调整合格后，必须按原厂规定的力矩紧固并锁止横拉杆夹子。

任务二　汽车悬挂系统维修

技能与学习要求

1. 能根据车辆使用手册要求，了解解悬架的构造与原理；
2. 能根据车辆使用手册要求，了解减振器的结构、原理，能进行简单零件的更换；
3. 培养谦虚谨慎的工作作风，养成精益求精的工匠精神。

任务描述

能查阅车辆使用手册，规范完成以下任务：

1. 按照工艺规范的要求，完成下摆臂的更换；
2. 按照工艺规范的要求，完成前减振器的更换。

内容与操作步骤

1. 下摆臂的更换

下摆臂是汽车悬架装置中的一个重要的组成部分。使用中如果出现问题需要更换，其更换操作按照如下步骤实施。

（1）拆卸下摆臂与前轴焊合件螺丝，如图 4－5 所示。

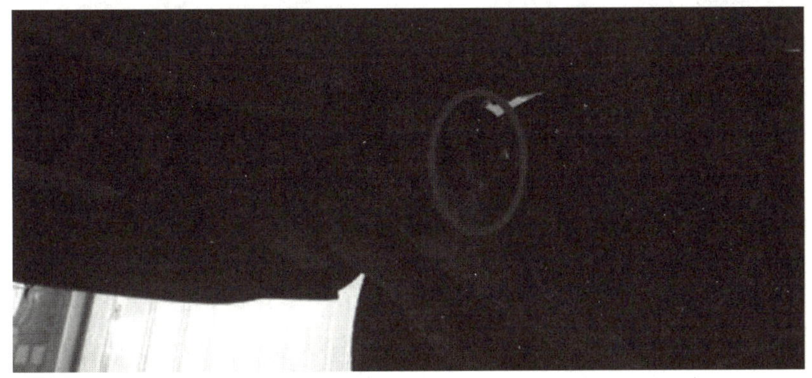

图 4－5　拆卸连接螺丝

（2）拆卸下摆臂与支撑杆连接螺丝，如图 4－6 所示。

图 4-6　拆卸固定连接螺丝

（3）拆卸下摆臂与转向节固定螺丝，如图 4-7 所示。

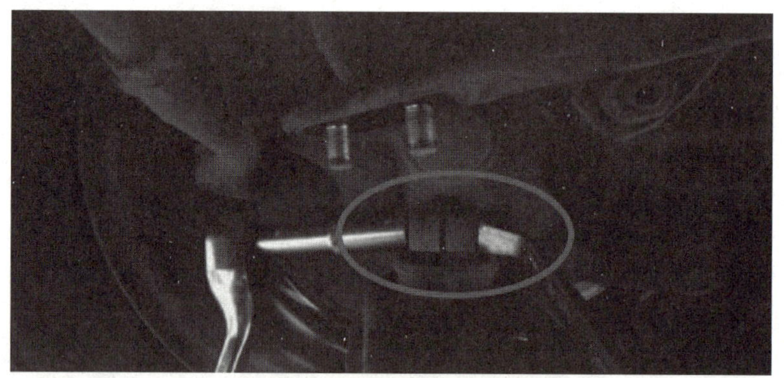

图 4-7　拆卸与转向节连接螺丝

（4）拆卸完所有连接螺丝后，用锤子敲击拆卸下摆臂，敲击时应注意安全，如图 4-8 所示。

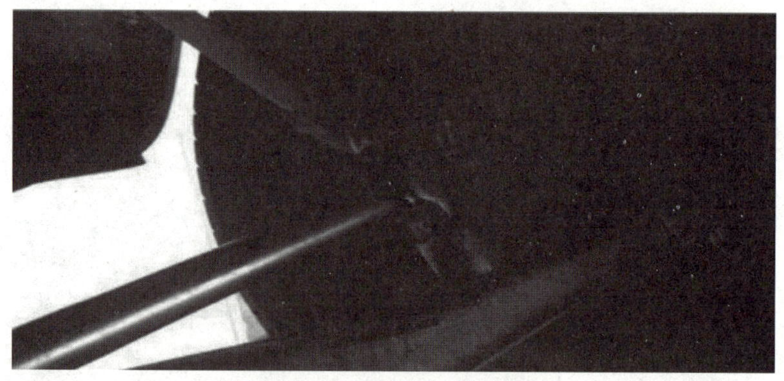

图 4-8　用锤子敲击拆卸下摆臂

（5）安装新的下摆臂与转向节连接螺丝。安装时按照拆卸的相反步骤操作；然后，将螺丝按照规定的扭矩拧紧即可。在装螺丝时，要将下摆臂向上敲，直到固定螺栓顺利穿过，如图 4-9 所示。

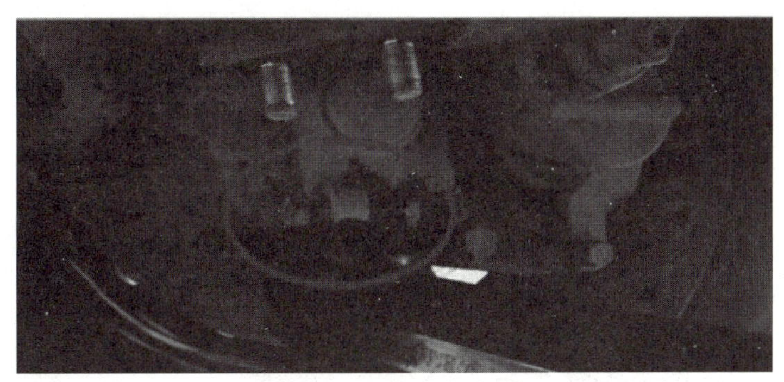

图 4－9 安装新的下摆臂

(6) 安装下摆臂与支撑杆连接螺丝。把下摆臂与支撑杆连接后，拧紧两个连接螺丝，如图 4－10 所示。

图 4－10 安装下摆臂与支撑杆连接螺丝

(7) 安装下摆臂与前轴焊合件的固定连接螺丝。把孔对好，螺栓顺利通过，装上螺帽拧紧即可。

(8) 更换下摆臂后，最好给汽车做四轮定位，以保证正确的转向轮定位参数。

2. 前减振器的更换

(1) 首先按照对角顺序把车轮螺母拧松，但不用拧下来；然后，用举升机将车辆抬起，不用太高，方便操作即可；然后，拆下车轮。

(2) 拆卸下支臂固定螺栓；然后，松开弹簧支杆臂的固定螺母，如图 4－11 所示。

图 4－11 拆卸下支臂固定螺栓

(3) 用卡钳千斤顶固定减振器，打开发动机引擎盖，松开减振器上端车身固定螺母(不完全拧下)，如图 4-12 所示；然后，转动卡钳千斤顶，将减振器臂往上抬，直到减振器下端与前桥固定处分离；缓慢挪开减振器，再慢慢下降减振臂，直至减振弹簧弹性完全释放，彻底松开减振器上端车身固定螺母，取下减振器。

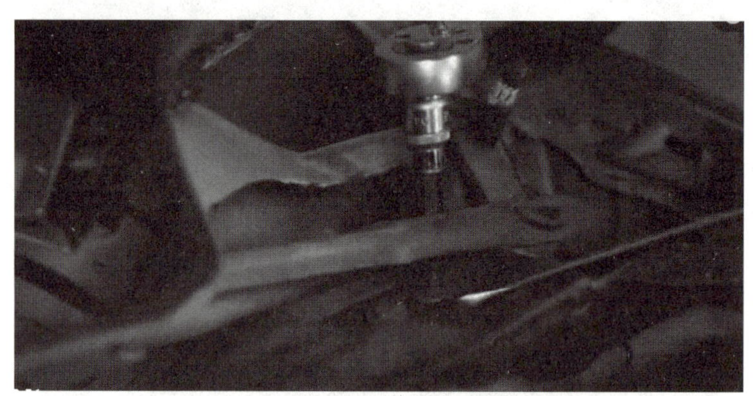

图 4-12　松开减振器上端车身固定螺母

(4) 将减振器取下后，用减振弹簧拆装器将弹簧固定住，如图 4-13 所示，防止拆卸顶部螺丝时弹簧上移窜出。

(5) 更换减振器损坏的部件及橡胶护套。减振弹簧如果没严重锈蚀或者断裂，不需要更换。

(6) 重新组装减振器时需要涂抹润滑脂，提高抗磨属性。

(7) 将减振器上端与汽车车身固定，确保减振器不会跌落。

(8) 使用卡钳千斤顶固定减振器臂，向上抬升减振器臂，确保减振器下方可以安放到前桥支撑处。用螺栓将减振器下端和前桥固定在一起，并固定住弹簧支杆臂的螺母。随后，将减振器上端车身固定螺母拧紧。按照系统的操作步骤更换其他 3 个减振器。

(9) 减振器更换完毕后，安装车轮。减振器的拆卸与分解如图 4-14 所示。

图 4-13　用减振弹簧拆装器将弹簧固定

图 4-14　减振器的拆卸与分解

相关知识

1. 汽车悬挂系统

舒适性是轿车最重要的使用性能之一。舒适性与车身的固有振动特性有关，而车身的固有振动特性又与悬架的特性相关。所以，汽车悬架是保证乘坐舒适性的重要部件。同时，汽车悬架作为车架（或车身）与车轴（或车轮）之间作连接的传力机件，又是保证汽车行驶安全的重要部件。因此，汽车悬架往往列为重要部件编入轿车的技术规格表，作为衡量轿车质量的指标之一。汽车车架（或车身）若直接安装于车桥（或车轮）上，由于道路不平，地面冲击使人感到十分不舒服，这是因为没有悬架装置的原因。汽车悬架是车架（或车身）与车轴（或车轮）之间的弹性联结装置的统称。

（1）悬架的作用　作用是弹性地连接车桥和车架（或车身），缓和行驶中车辆受到的冲击力；保证货物完好和人员舒适；衰减由于弹性系统引进的振动，使汽车行驶中保持稳定的姿势，改善操纵稳定性。同时，悬架系统承担着传递垂直反力、纵向反力（牵引力和制动力）和侧向反力，以及这些力所造成的力矩，作用到车架（或车身）上，以保证汽车行驶平顺。当车轮相对车架跳动时，特别在转向时，车轮运动轨迹要符合一定的要求。因此，悬架还起使车轮按一定轨迹相对车身跳动的导向作用。悬架结构形式和性能参数的选择合理与否，对汽车行驶平顺性、操纵稳定性和舒适性有很大的影响。由此可见，悬架系统在现代汽车上是重要的总成之一。

（2）悬架的结构　如图 4－15 所示，一般悬架由弹性元件、导向机构、减振器和横向稳定杆组成。弹性元件用来承受并传递垂直载荷，缓和由于路面不平引起的对车身的冲击。弹性元件种类包括钢板弹簧、螺旋弹簧、扭杆弹簧、油气弹簧、空气弹簧和橡胶弹簧。减振器用来衰减由于弹性系统引起的振，减振器的类型有筒式减振器、阻力可调式新式减振器、充气式减振器。

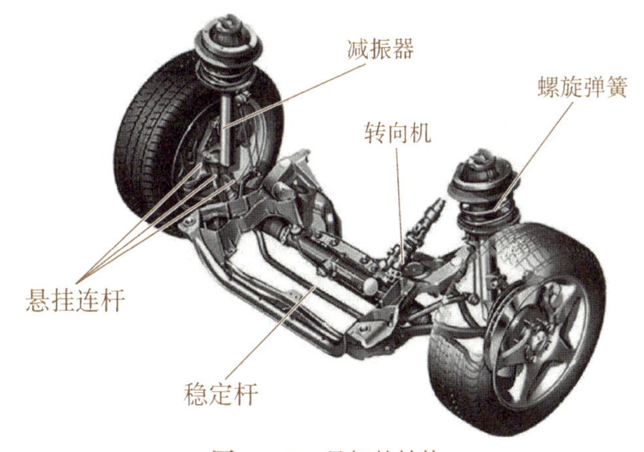

图 4－15　悬架的结构

导向机构用来传递车轮与车身间的力和力矩，同时保持车轮按一定运动轨迹相对车身跳动。通常导向机构由控制摆臂式杆件组成，有单杆式和多连杆式。钢板弹簧作为弹性元件时，可不另设导向机构，它本身兼起导向作用。有些轿车和客车上，为防止车身在转向等情况下发生过大的横向倾斜，在悬架系统中加设横向稳定杆，目的是提高横向刚度，使汽车具有不足转向特性，改善汽车的操纵稳定性和行驶平顺性。

(3) 悬架系统的分类　现代汽车悬架的发展十分快，不断出现崭新的悬架装置。按控制形式不同分为被动式悬架和主动式悬架。目前，多数汽车上都采用被动悬架，如图 4－10 所示，也就是汽车姿态(状态)只能被动地取决于路面及行驶状况和汽车的弹性元件，如导向机构以及减振器这些机械零件。20 世纪 80 年代以来，主动悬架开始在一部分汽车上应用，目前还在进一步研究和开发中。主动悬架可以能动地控制垂直振动及其车身姿态，根据路面和行驶工况自动调整悬架刚度和阻尼。

根据汽车导向机构不同，悬架种类又可分为独立悬架、非独立悬架，如图 4－16 所示。

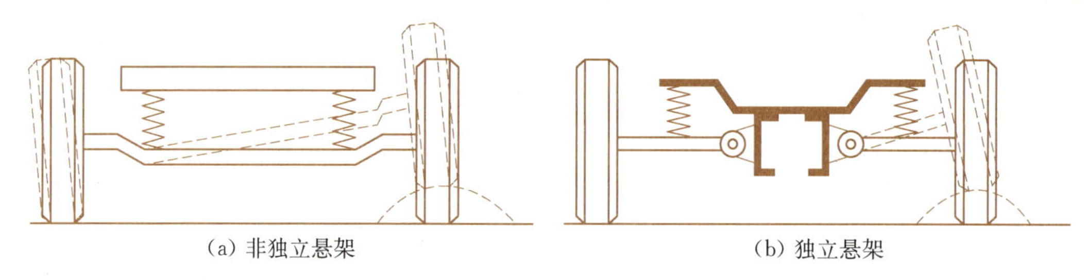
(a) 非独立悬架　　(b) 独立悬架

图 4－16　悬架分类

2. 非独立悬架

特点是两侧车轮安装于一整体式车桥上，当一侧车轮受冲击力时会直接影响到另一侧车轮，当车轮上下跳动时定位参数变化小。若采用钢板弹簧作弹性元件，可兼起导向作用，使结构大为简化，降低成本。目前广泛应用于货车和大客车上，有些轿车的后悬架也有采用。由于非簧载质量比较大，高速行驶时悬架受到冲击载荷比较大，平顺性较差。

3. 独立悬架

两侧车轮分别独立地与车架(或车身)弹性地连接，一侧车轮受冲击，其运动不直接影响另一侧车轮。独立悬架所采用的车桥是断开式的。发动机可放低安装，有利于降低汽车重心，并使结构紧凑。独立悬架允许前轮有大的跳动空间，有利于转向，便于选择软的弹簧元件使平顺性得到改善。独立悬架非簧载质量小，可提高汽车车轮的附着性。独立悬架的左右车轮不是用整体车桥相连接，而是通过悬架分别与车架(或车身)相连，每侧车轮可独立运动。轿车和载重量 1 t 以下的货车前悬架广为采用，轿车后悬架上采用也在增加。越野车、矿用车和大客车的前轮也有一些采用独立悬架。

目前采用较多的有以下 3 种形式：双横臂式、滑柱连杆式、斜置单臂式。按弹性元件不同分为螺旋弹簧式、钢板弹簧式、扭杆弹簧式、气体弹簧式。采用较多的是螺旋弹簧。双横臂式(双叉式)独立悬架的上下两摆臂不等长，选择长度比例合适，可使车轮和主销的角度及轮距变化不大。这种独立悬架被广泛应用在轿车前轮上。双横臂的臂做成 A 字形或 V 字形。V 形臂的上下 2 个 V 形摆臂以一定的距离，分别安装在车轮上，另一端安装在车架上。

斜置单臂式独立悬架如图 4－17 所示。这种悬架是单横臂和单纵臂独立悬架的折中方案。其摆臂绕与汽车纵轴线具有一定交角的轴线摆动，选择合适的交角可以满足汽车操纵稳定性要求。这种悬架适于做后悬架。

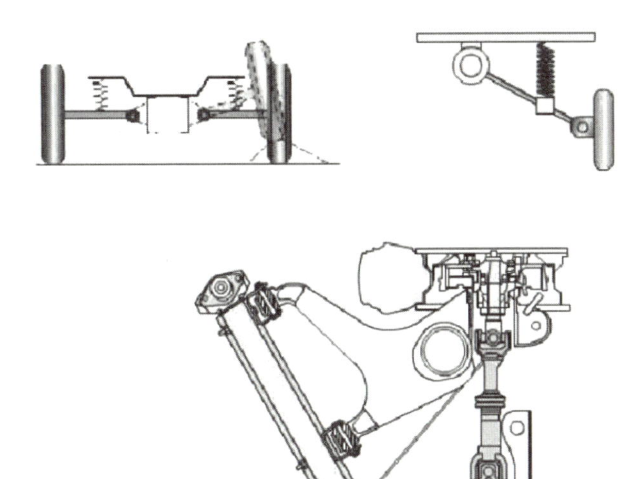

图 4－17 斜置单臂式独立悬架

4. 多连杆式悬架

多连杆式悬架是由 3～5 根杆件组合起来控制车轮的位置变化的悬架，可分为多连杆前悬架和多连杆后悬架系统。其中，前悬架一般为 3 连杆或 4 连杆式独立悬架，如图 4－18 所示；后悬架一般为 4 连杆或 5 连杆式后悬架系统，其中 5 连杆式后悬架应用较为广泛。

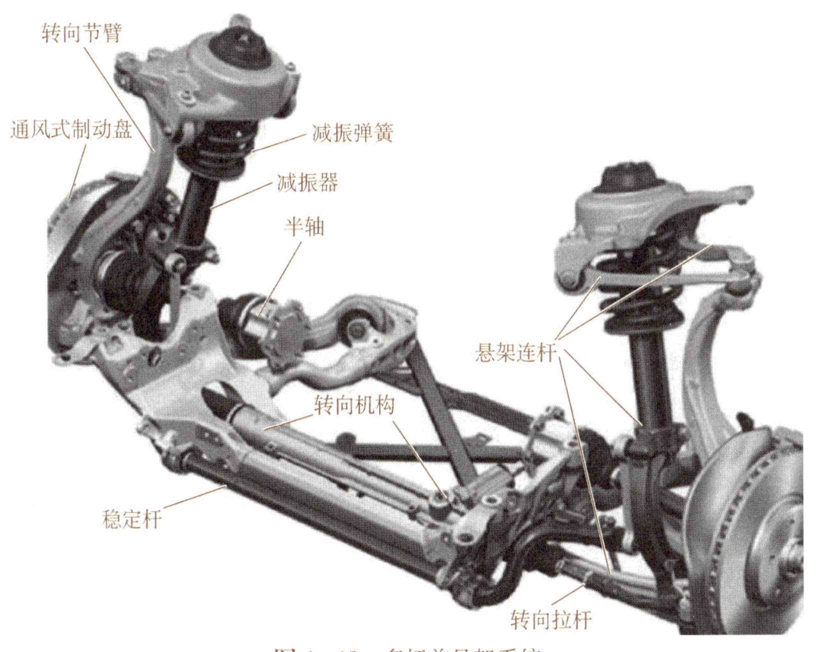

图 4－18 多杆前悬架系统

思考题

1. 非独立悬架与独立悬架的结构有什么不同特点？

2. 电控悬架与普通悬架相比有什么优点?
3. 麦弗逊式独立悬架有什么结构特点?
4. 悬架的检修内容有哪些?
5. 悬架出现故障,对整车驾驶有什么影响?

任务三　汽车四轮定位

技能与学习要求

1. 能根据安全管理条例,正确认知汽车四轮定位设备操作安全注意事项;
2. 能根据使用手册要求,规范完成四轮定位检测设备的准备工作;
3. 能按照使用手册要求,对被检车辆做好测前检查;
4. 能按照使用手册要求,测量与调整车辆四轮定位参数;
5. 培养科技强国意识和文化自信,培养科技兴国的勇气和责任感。

任务描述

能查阅维修手册,规范完成以下工作:
1. 检测前的车辆检查;
2. 使用设备测量汽车的四轮定位参数;
3. 根据检测结果,调整汽车的四轮定位参数。

内容与操作步骤

1. 检测前被检测车辆的基本要求

在检测汽车的四轮定位时,被检测车辆应满足以下要求:
(1) 前后轮胎气压及胎面磨损应基本一致。
(2) 前后悬架系统的零部件完好、不松旷;减振器性能良好,不漏油。
(3) 转向系统调整适当,不松旷。
(4) 汽车前、后高度与标准值的差不大于 5 mm。
(5) 汽车制动系统正常。

2. 检测前的准备

(1) 把汽车开上举升平台,托起四个车轮,把汽车举升 0.5 m(第一次举升),如图 4-19 所示。将车开上举升机时的注意事项:
① 车身要摆正。
② 轮胎重心点要尽量与转角盘的中心重合。
③ 拉紧手刹或固定脚刹。
④ 将前轮转角盘及后轮侧滑板的固定锁松开。
⑤ 将车身前后端都向下摇晃几下。

(2) 托起车身的适当部位，把汽车举升至车轮能够自由转动(第二次举升)。

(3) 拆下各车轮，检查轮胎磨损情况。

(4) 检查轮胎气压，不符合标准时应充气或放气。

(5) 做车轮动平衡，动平衡完成后，把车轮装好。

(6) 检查车身高度，检查车身4个角的高度和减振器的技术状况，如车身不平应先调平；同时，检查转向系统和悬架是否松旷，如松旷则应先紧固或更换零件。

图4-19　举升车辆

3. 检测操作步骤

(1) 把传感器支架安装在轮辋上，再把传感器(定位校正头)安装到支架上，如图4-20所示，并按使用说明书的规定调整。

(2) 开机进入测试程序，输入被检汽车的车型和生产年份、轮胎等相关参数，如图4-21所示。

图4-20　安装传感器

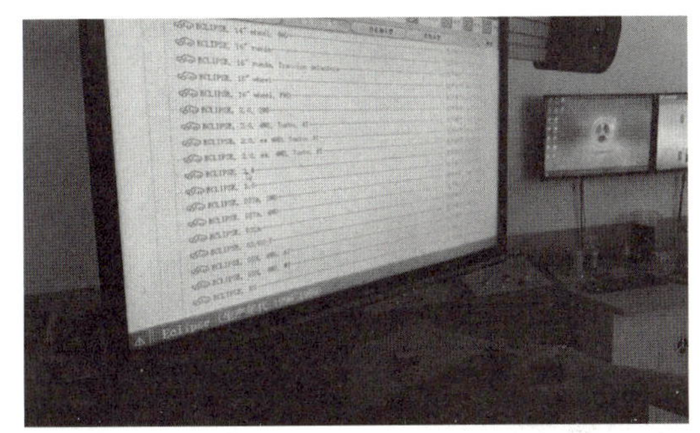

图4-21　输入车辆相应参数

(3) 轮辋变形补偿。转向盘置于直行位置，使每个车轮旋转一周，即可把轮辋变形误差输入电脑。

(4) 降下举升机，使车轮落到平台上，把汽车前部和后部向下压动4～5次，使其做压力弹跳。

(5) 用刹车锁压下制动踏板，使汽车处于制动状态，如图4-22所示。

(6) 把转向盘左转至电脑发出“OK”声，输入左转角度；然后，把转向盘右转至电脑发出“OK”声，输入右转角度。

(7) 把转向盘回正，电脑屏幕上显示出后轮的前束及外倾角数值。

(8) 调正转向盘，并用转向盘锁锁住转向盘，如图4-23所示，使之不能转动。

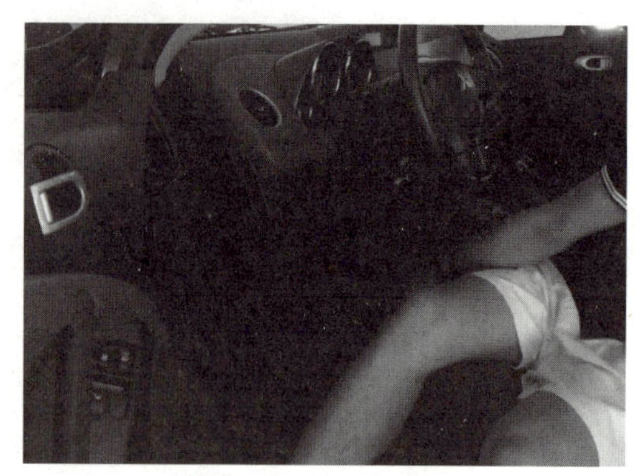

图 4-22 锁住刹车踏板

图 4-23 锁住转向盘

(9) 把安装在 4 个车轮上的定位校正头的水平仪调到水平线上。此时，电脑屏幕上显示出转向轮的主销后倾角、主销内倾角、转向轮外倾角和前束的数值，如图 4-24 所示。

(10) 按电脑屏幕提示，调整主销后倾角、车轮外倾角及前束。若调整后仍不能解决问题，则应更换相关零部件。

调整四轮定位参数时，应按规定的顺序：先调整后轴，再调整前轴。对于单个轴，先调整主销后倾角和车轮外倾角，再调整前束。因为调整主销后倾角时，会使前束角度变化，而调整前束时不会影响主销角度和外倾角。

调整方法：

① 调整主销后倾角和车轮外倾角。可以在车架内侧和控制臂销轴之间增加或减少垫片，调整主销后倾角和车轮外倾角。在销轴一端增、减垫片可以调整主销后倾角，在前、后螺栓增加或减少等量垫片可以调整车轮外倾角。

② 调整前轮前束。在调整前轮前束之前，先确定前轮朝向正前方时，转向盘处于中间位置；然后，松开转向横拉杆调整套筒上的锁紧螺栓，必要时松开防尘罩夹子，通过转动套筒，改变横拉杆的长度来调整前轮前束，如图 4-25 所示。

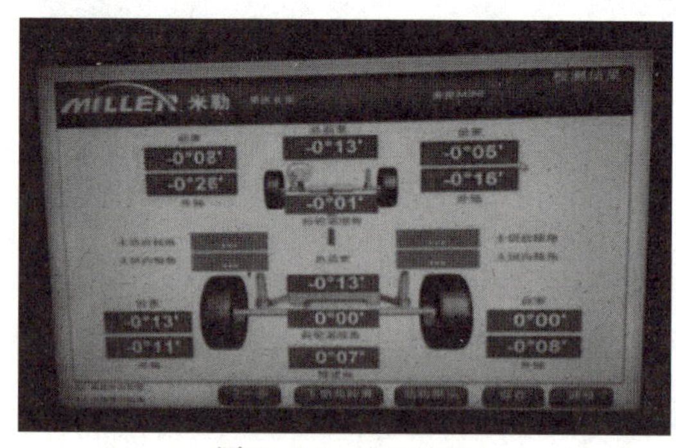

图 4-24 检测结果

图 4-25 调整前轮前束

③ 调整后轮外倾角和后轮前束。后轮外倾角是通过控制臂或拖臂固定座处的偏心螺栓和凸轮来调整。松开后轮转向横拉杆锁紧螺丝，转动偏心螺栓，从而改变后轮前束。

在车轮定位参数的调整中，各个参数之间是相互影响的，若无论怎么调整都不能达到满意，此时就需要考虑是否需要更换零件。

(11) 进行第二次压力弹跳，将转向轮左右转动，把车身反复压下后，观察屏幕上的数值有无变化，若数值变化应再次调整。

(12) 若第二次检查未发现问题，则应将调整时松开的部位紧固。

(13) 拆下定位校正头和支架，进行路试，检查四轮定位检测调整的效果。

思考题

1. 汽车四轮定位的参数都有哪些？各起什么作用？
2. 汽车在什么情况下需要做四轮定位？

任务四　车轮与轮胎检查与维修

技能与学习要求

1. 能根据安全管理条例，正确认知汽车车轮与轮胎维修安全注意事项；
2. 能根据工具使用要求，正确使用维修工具；
3. 能根据维修手册要求，规范完成车轮与轮胎检查保养作业，车轮与轮胎检测维修作业；
4. 培养谦虚谨慎的工作作风，养成良好的工作习惯。

任务描述

能查阅维修手册，规范完成：

1. 轮胎选用与拆装更换；
2. 车轮动平衡。

内容与操作步骤

1. 操作前检查和调试轮胎拆装机

轮胎拆装机如图 4-26 所示。

(1) 检查拆装机的电源、气源、机械传动部分是否正常。

(2) 踩下和抬回撑夹踏板，检查转盘撑夹爪能否张开和闭合。

(3) 踩下和松开风压铲踏板，检查风压铲能否动作和复位。

(4) 踩下和上抬正反转踏板，检查转盘能否顺时针和逆时针转动。

图 4-26　轮胎拆装机

(5) 检查锁紧杠杆是否锁紧垂直轴。

2. 轮胎拆装方法与步骤

(1) 放掉轮胎中的空气。

(2) 卸掉轮辋上的平衡块。

(3) 将轮胎置于风压铲和橡胶板之间,使风压铲置于轮辋边与轮胎之间,离轮辋边大约1 cm处。然后,踩风压踏板,使轮辋与轮胎分离,如图4-27所示。

注意 挤压轮胎时,应使用毛刷在胎边涂上润滑油剂。否则,拆胎时可能造成胎边严重磨损。

(4) 锁定车轮,将轮胎放在转盘上,踩下掌夹踏板,锁住车轮,如图4-28所示。

图4-27 分离轮辋与轮胎

图4-28 锁住轮毂

(5) 将垂直轴置于工作位置,使拆装机头靠近轮辋边,使拆装机头内锥滚离轮辋边大约3 mm距离,避免划伤轮辋边,并用锁紧杠杆锁紧,如图4-29所示。

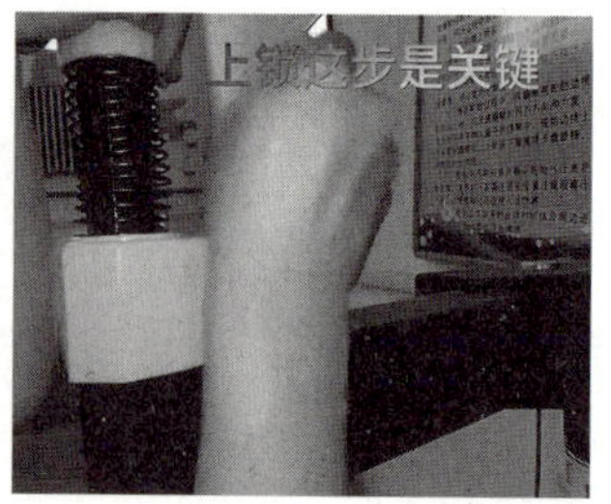

图4-29 调整拆装机头与轮辋位置并锁紧

(6) 用撬棍把胎边撬起在拆装机头上,如图4-30所示。撬棍不必抽出,点踩踏板,让转盘顺时针旋转,即可拆下轮胎。用同样的方法可以把轮胎的另一侧拆下,如图4-31所示。

图4-30 踩下踏板,转动扒胎机

图4-31 拆卸轮胎另一侧

注意 如拆胎受阻，应立即停止，用脚面上抬踏板，让转盘逆时针转动，消除障碍。

3. 轮胎的安装方法与步骤

注意 安装轮胎之前，检查轮胎和车轮的尺寸是否相同。

(1) 先在轮胎内侧边缘涂上润滑脂。

(2) 用拆胎的方法将车轮固定在工作转盘上。

(3) 将轮胎边缘置于拆装机头上，左端向上；同时压低胎侧，点踩踏板，使工作转盘顺时针旋转，直到让胎边落入轮辋内，如图 4-32 所示。

图 4-32 踩下踏板，安装轮胎

(4) 用相同方法装另一边缘，同时使用撬棍压低胎侧，再踩踏板。

(5) 松开锁紧杆，向外移动手臂即可。

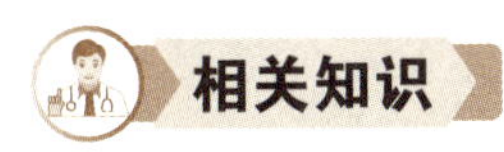

汽车的轮胎是唯一和地面直接接触的零部件，它承受着整个汽车的重量，用于缓和汽车行驶时的冲击力，保障汽车安全行驶、稳定行驶、舒适行驶。如果汽车轮胎出现老化，没有及时更换，就无法保证车轮和路面间良好的附着性，降低牵引力，无法保证车辆的制动性能和行驶的稳定性，从而影响驾乘人员的人身安全。及时更换轮胎很重要，但轮胎在没有"外伤"的情况下，多久更换比较合适？其实，轮胎的更换与否主要考虑两个因素。

第一个因素是轮胎的磨损程度。通常在汽车轮胎的侧面胎肩位置会有一个小三角符号，如图 4-33 所示。这个符号对应着一个磨损的标记，目的就是为了提醒车主，如果轮胎花纹已经磨损到标记了，说明轮胎的磨损已经接近磨损极限值，此时应更换轮胎。

第二个因素就是轮胎的物理老化程度。轮胎是橡胶制品，存在物理老化时间。轮胎在使用过程中，难免会遇到风吹、日晒和雨淋以及阳光的照射等，这样就会导致橡胶材质的轮胎会越来越硬，出现老化，而典型现象的就是轮胎出现小裂纹，如图 4-34 所示。参照轮胎老化的标准，汽车轮胎的使用年限在 6 年左右。所以，汽车轮胎的使用年限在 6 年左右，超过这个时间就要更换。轮胎的生产日期通常在轮胎的侧面，如图 4-35 所示，包括 4 位数字，后面两位数字表示轮胎的生产年份，前面两位数字表示是第几周生产。

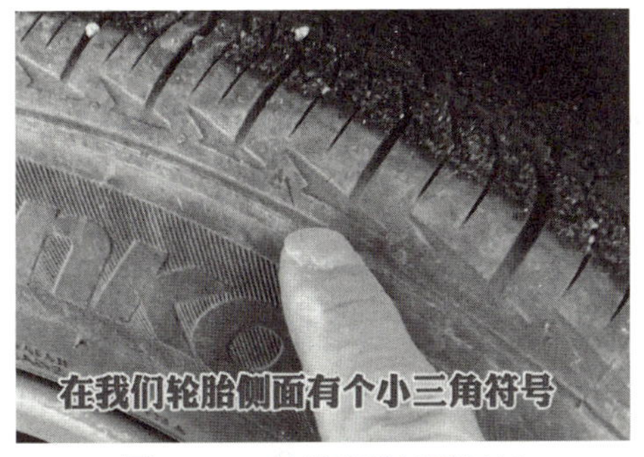

图 4-33 轮胎磨损极限标记

图 4-34 轮胎物理老化

图 4-35　轮胎生产日期

任务五　汽车制动系统维修

技能与学习要求

1. 能根据车辆使用手册要求，检查制动踏板的行程；
2. 能根据车辆使用手册要求，检查与调整制动真空助力装置；
3. 能根据车辆使用手册要求，检查与更换盘式制动器的主要总成部件；
4. 能根据车辆使用手册要求，检查与更换 ABS 防抱死制动装置部分总成部件；
5. 养成队员之间相互合作，并做好清洁工具及场地的 5S 规范；
6. 培养不怕苦、不怕累的劳动精神和奋斗精神。

任务描述

能查阅车辆使用手册，规范完成：

1. 检查与调整制动真空助力装置；
2. 检查与更换盘式制动器摩擦片与轮缸；
3. 检查与更换 ABS 防抱死制动装置部分总成部件。

内容与操作步骤

一、制动真空助力器的检查与调整

1. 真空助力器的检查

制动踏板操作费力通常是真空助力器完全失效的重要信号。真空助力器是否正常工作，可用下列方法检查：

（1）密封性检查　起动发动机，运转 1～2 min 后关闭发动机。以常用制动踏板力踩制动踏板若干次，每次踩踏间隔应在 5 s 以上。其制动踏板高度若一次比一次逐渐提高，如图 4－36 所示，则表明真空助力器密封性能良好。否则应检查发动机真空供给情况，若发动机运转时，提供的真空度正常，则表明真空助力器密封不良，应更换真空助力器。

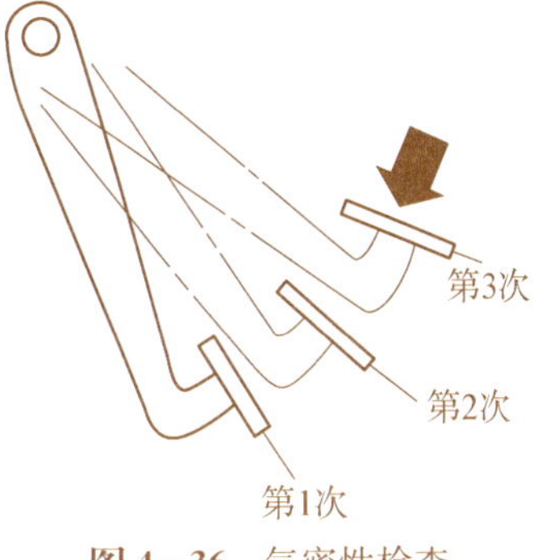

图 4－36　气密性检查

（2）负荷密封性能检查　起动发动机，使发动机在怠速运转 1～2 min 后，踏下制动踏板数次，并在踏板处于最低位置、保持踏板力不变的情况下，停止发动机运转。若发动机提供的真空度正常，而踏板高度在 30 s 内无变化，则说明真空助力器密封性能良好；如制动踏板有明显的回升现象，则真空助力器有漏气故障。

（3）助力功能检查　在发动机熄火后，用相同的踏板力踩制动踏板若干次，如图 4－37(a)所示，以消除真空助力器的全部残余真空度，并确认踏板高度无变化后，踩住制动踏板不动，起动发动机。此时，制动踏板略为下沉，如图 4－37(b)所示，则说明真空助力器助力功能正常；如踏板不动，则助力器无助力作用，应首先检查真空源是否提供了一定的真空度，然后检查真空管路、止回阀及真空助力器。

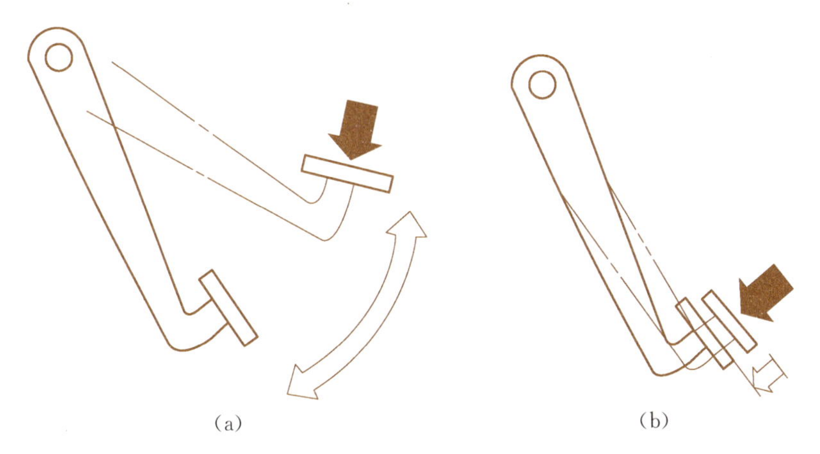

图 4－37　助力功能检查

（4）真空供给检查　如果制动时，真空助力器功能丧失或助力作用微弱，除真空助力器需要检查外，给助力器提供真空的真空源及真空管路更应该重点检查。

拔下真空助力器的真空管接头，起动发动机使其怠速运转，用拇指迅速将真空管堵住。此时，若感觉有强烈的吸力，就表明发动机提供的真空度足够，真空管路正常；若无强烈的吸力或根本无吸力，则应关掉发动机，检查真空管是否毁坏、卷曲松动或堵塞。若真空管路损坏，应予以更换。若管路正常，则应用真空表检查发动机怠速时进气歧管的真空度。发动机正常时，其真空度读数应在 40～66.7 kPa 范围内。真空度过小就表明提供真空源的发动机有问题。

（5）真空止回阀的检查　真空止回阀位于发动机进气歧管和真空助力器之间。发动机进气歧管的真空度通过真空止回阀到达真空助力器，但真空助力器的真空不能通过该阀回流。因此，真空止回阀的作用是保证发动机停转后，真空助力器内的真空度维持一定的时间。检查时，先将发动机怠速运转，然后，关闭发动机并等待 5 min，再踩制动踏板施加制动，至少在一个踏板行程中应有助力作用。如果在第一次踩踏制动踏板时无助力作用，则止回阀存在泄露故障。进一步检查时，可将止回阀拆下，用嘴向止回阀进气歧管一端吹气，其气流应完全不能通过。止回阀反向泄露时，应更换。

（6）真空助力器空气阀的检查　真空助力器空气阀漏气故障具有很大的隐蔽性，它将导致汽车的动力性、经济性严重下降。这种问题可用两种方法检查。

通过车轮的拖滞试验，来检查真空助力器空气阀。步骤如下：

步骤 1　把车轮升离地面悬空。

步骤 2　踩制动踏板数次，以便清除真空助力器内的残余真空。

步骤 3　松开制动踏板，用手转动车轮，注意其阻力的大小。

步骤 4　起动发动机，并怠速运转 1 min，然后，关闭发动机。

步骤 5　再次用手转动车轮，如果阻力增加，就说明真空助力器的空气阀存在漏气故障。其原因是真空助力器解除制动后，让空气进入了真空助力器，使膜片两侧产生压差，导致助力器自动工作，产生制动。此时应更换真空助力器。

2. 真空助力器的调整

当真空助力器出现壳体破损或有裂纹、推杆弯曲或损坏、漏气、失去助力功能时，应更换真空助力器，真空助力器通常不允许进行分解检修。

在更换或调试真空助力器时，应注意检查和调整推杆到制动主缸安装面的距离，使真空助力器推杆与制动主缸活塞间有 2～3 mm 的自由间隙，如图 4－38 所示。只有这样，才能在解除制动时，使活塞完全回位，使制动液回流储液罐，彻底解除制动。

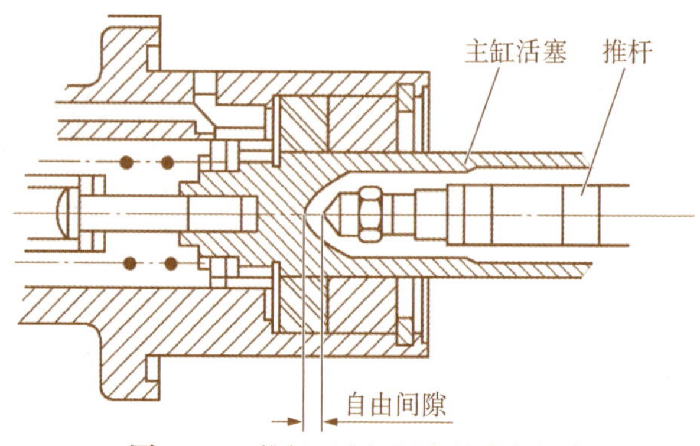

图 4－38　推杆至主缸活塞的自由间隙

二、检查、更换制动钳、摩擦片与轮缸

1. 拆卸

（1）在车轮举升前，用套筒和扭力扳手或轮胎螺栓专用套筒预松车轮固定螺栓。

（2）在确保车辆固定无误的条件下举升车辆，举升至合适高度停止，举升机保险落锁。

（3）拆卸前车轮，如图 4－39 所示。

（4）用梅花扳手拧下制动卡钳滑销螺栓，如图 4－40 所示。

（5）用一字起子推开制动钳体壳，如图 4－41 所示。

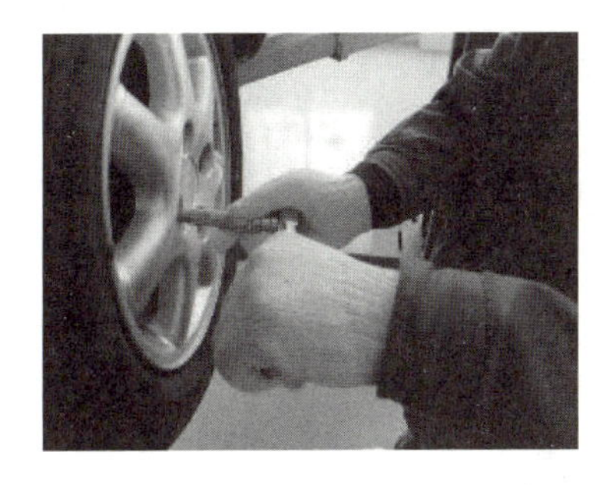

图 4-39　拆卸轮胎

图 4-40　拆制动卡钳滑销螺栓

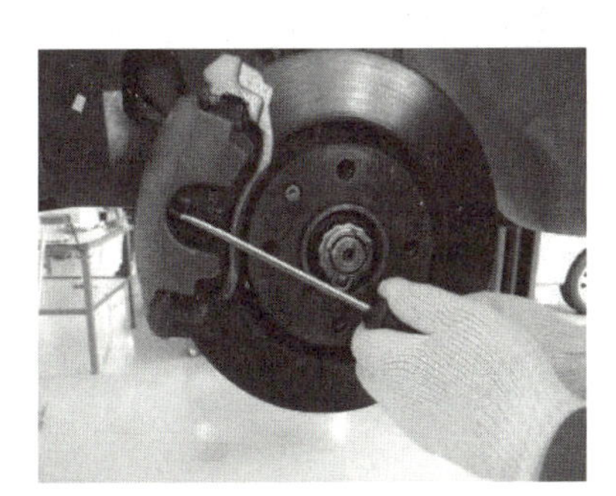

图 4-41　推开制动钳体

(6) 向上翻开制动卡钳(制动钳体需用挂钩挂好),拆卸制动摩擦片,如图 4-42 所示。
(7) 用干净的抹布清洁制动摩擦片,如图 4-43 所示。

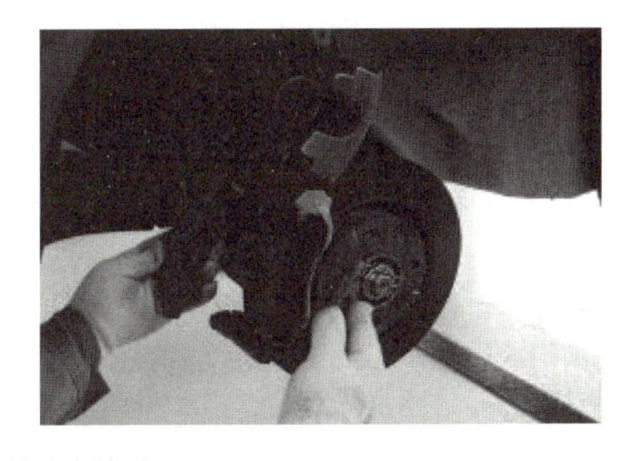

图 4-42　拆卸制动摩擦片

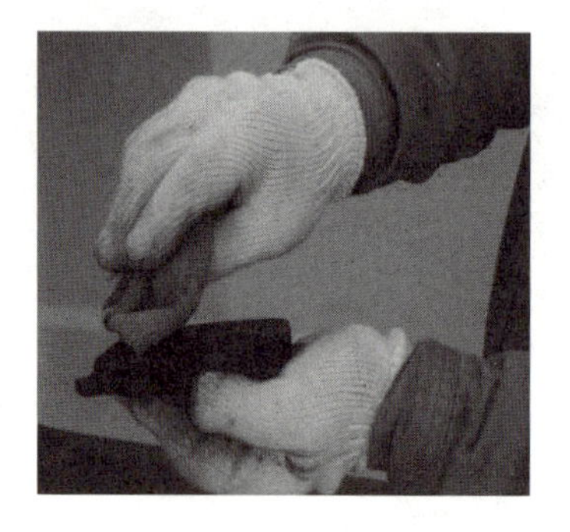
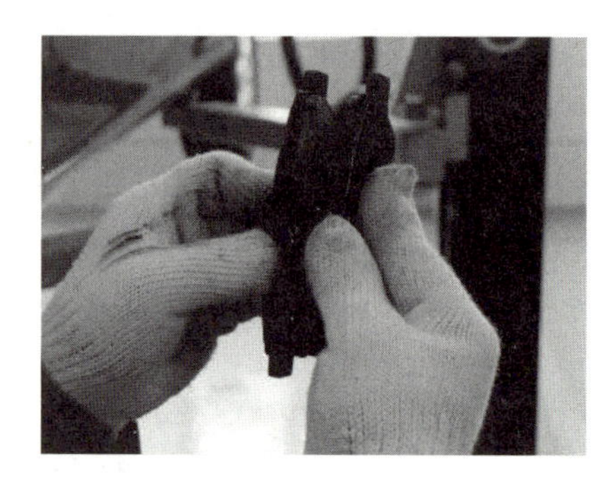

图 4-43 清洁、检查制动摩擦片

(8) 检查两片制动摩擦片有无异常磨损，如图 4-43 所示。

(9) 用游标卡尺分别在两边和中间 3 个位置测量制动摩擦片的厚度，厚度不符合要求时，需要更换新的摩擦片，如图 4-44 所示。

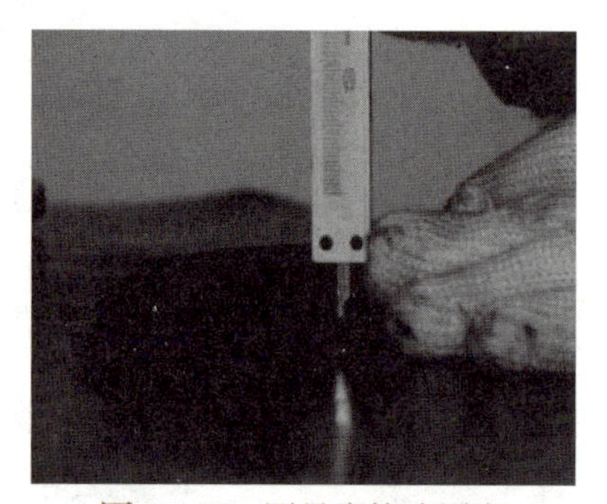

图 4-44 测量摩擦片厚度

(10) 检查制动轮缸活塞处(制动钳体需用挂钩挂好)是否漏油，制动油管接头、制动软管接头是否渗漏，如图 4-45 所示。

(11) 检查制动盘的磨损情况。

注意 制动器装配好之前，不能踩制动踏板。

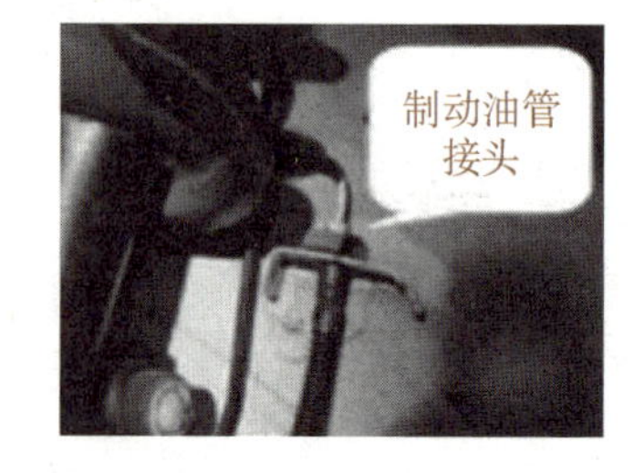

图 4-45 检查轮缸活塞、有关接头是否漏油

2. 安装

(1) 经过检查，摩擦片不符合技术要求，应更换新的制动摩擦片，如图 4-46 所示。

(2) 若轮缸活塞处漏油，应更换新的轮缸。安装时，用制动活塞压缩钳把制动轮缸活塞压进去，如图 4-47 所示。

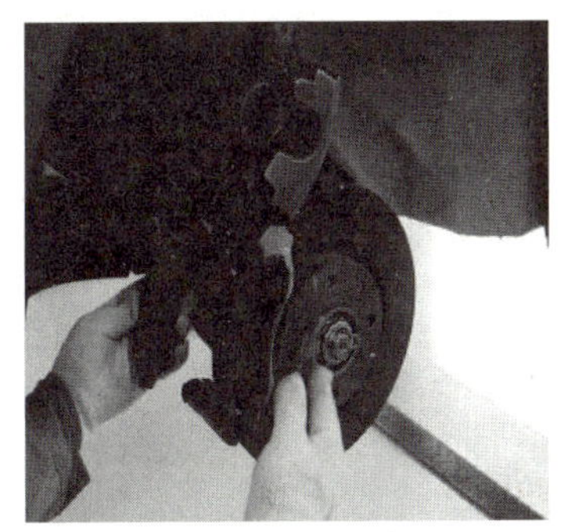
图 4－46　安装新的摩擦片

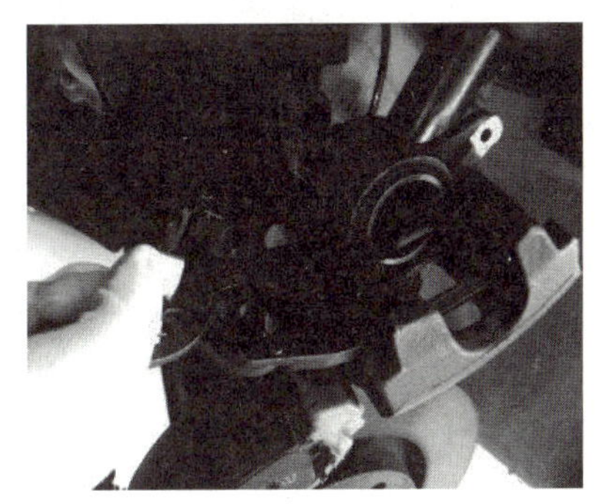
图 4－47　用活塞压缩钳压缩活塞

(3) 把制动卡钳翻回来，如图 4－48 所示。

(4) 旋入制动卡钳滑销螺栓(必须涂防松胶)，并按规定的力矩拧紧，如图 4－49 所示。

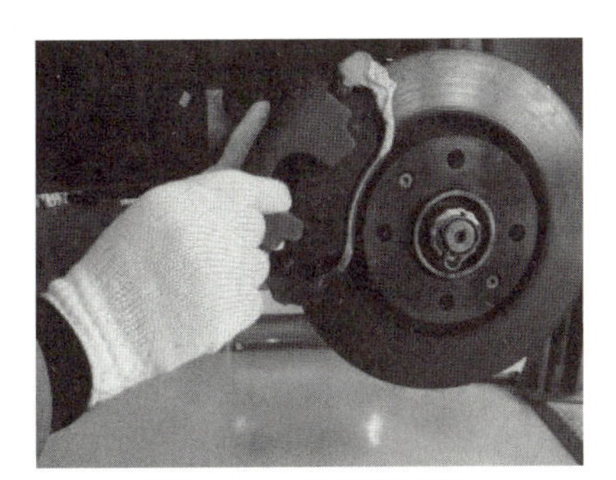
图 4－48　安装制动钳

图 4－49　旋入制动钳滑销螺栓

(5) 安装车轮，旋入车轮固定螺栓。

(6) 车辆降至地面，拧紧车轮固定螺栓，拧紧力矩为 50～100 N・m。

(7) 起动发动机，连续踩制动踏板多次，使制动摩擦片与制动盘之间恢复间隙。

(8) 清理工具、量具，清洁场地。

三、ABS 系统的检修

1. ABS 系统检查注意事项

(1) ABS 系统与常规制动系统是不可分割的。当制动系统出现故障时，应首先判断是常规制动系统的故障还是 ABS 系统的故障

(2) 由于 ABS 的控制装置对电压、静电非常敏感，因此，在点火开关处于接通位置时，不要插拔 ABS 线路的插接端。

(3) 在作业之前，应首先给系统卸压，并切断 ABS 微机的电源。

(4) ABS 的电气故障大多数不是元件失效，而是连接不良或脏污所致，因而，应特别注意各插接件的连接可靠无误。

(5) 更换轮胎时，应尽量选用汽车生产厂家推荐的轮胎。

(6) 大多数 ABS 系统中的车轮速度传感器、电子控制装置和压力调节器都是不可修复的。

(7) 维修制动系统后，或者使用中感到制动踏板变软时，应排出制动系统中的空气。

2. ABS 系统故障的一般检查方法和步骤

ABS 系统制动失效或系统工作出现异常时，同普通制动系统一样，也要从检查制动总泵油室内的液面高度开始，逐步查找故障原因。

ABS 的汽车在定期保养时，通常可使用助力放气器、真空放气器。有些 ABS 装置在系统放气时，需要使用扫描工具轮流接通 ABS 调压器中的电磁阀。若 ABS 警告灯亮了，应在系统放气之前，先诊断是否有修理故障，然后再进行排气操作。

（1）非 ABS 故障的情况

① 系统的自检声音。

② ABS 起作用的声音。

③ ABS 起作用，但制动距离过长。这是由于在积雪或砂石路面上，车轮不直接与地面摩擦。因此，有 ABS 的车辆制动距离有时会比没有 ABS 的车辆制动距离长。

④ 制动时，转动方向盘会感到转向盘有轻微的振动。这是由于有的制动压力调节器与动力转向器共享一个油泵所引起的正常反应。

⑤ 高速行驶急转弯时，或冰滑路面上行驶时，有时会出现制动警告灯亮起的现象，出现了车轮打滑，这是 ABS 产生保护动作引起的，并非故障。

（2）一般检查内容

① 检查制动液面是否在规定的范围之内。

② 检查所有继电器、熔丝是否完好，插接是否牢固。

③ 检查电子控制装置导线的插头、插座是否连接良好，有无损坏，搭铁是否良好。

④ 蓄电池容量和电压是否符合规定，连接是否牢靠。

⑤ 控制单元、车轮转速传感器、电磁阀体、制动液面指示灯开关的导线插头，以及插座导线的连接是否良好。

⑥ 检查车轮转速传感器传感头与齿圈间隙是否符合规定，传感器头有无脏污。

⑦ 驻车制动(手刹)是否完全释放。

3. ABS 主要部件的检修

（1）轮速传感器的检修　轮速传感器可能出现的故障有感应线圈短路、断路或接触不良，传感器齿圆上的齿有缺损或脏污，信号探头安装不牢或磁极与齿圈之间有脏物等。轮速传感器在安装时注意其传感头的额定扭矩，不要拧得过紧或过松，否则极轴与齿圈的间隙过小或过大，影响轮速信号的产生与输出。检查轮速传感器与桥壳之间无间隙，传感器齿圈的齿面应无刮痕、裂缝、变形或缺齿等，严重时应更换转子轴总成。

（2）ABS 的 ECU 检修　首先检查 ABS 的 ECU 线束插接器有无松动，连接导线有无松脱；再检查其线束插接器各端子的电压、电阻值，或将波形与标准值比较。如果与之相连的部件和线路正常，则应更换 ECU 再试。更换 ABS 的 ECU 时，先将点火开关关闭，再拆下 ECU 上的线束插头。拆下旧的 ECU，固定好新的 ECU，插上所有的线束插头(注意线束不能损坏和腐蚀，插头应接触良好)，对角线拧紧固定螺钉；起动发动机，红色制动灯和 ABS 灯应显示系统正常。

（3）制动压力调节器的检修　制动压力调节器可能会出现电磁阀线圈不良、阀门泄漏等故障。检测电磁阀线圈的电阻，如果电阻值无穷大或过小等，均说明其电磁阀有故障；将制动压力调节器电磁阀加上工作电压，看阀能否正常动作。如果不能正常动作，则应更换制动压力调节器。如果怀疑是制动压力调节器有问题，则应在制动压力调节器无高压制动液

时，拆下调节器进一步检查。

4. ABS 主要部件的更换

(1) 制动压力调节器及 ECU 的更换

① 拆卸步骤：

步骤1 关闭点火开关，并从蓄电池上拆去接地导线。

步骤2 从 ABS 的 ECU 上拔下线束插头，如图 4-50 所示。若线束和插头损坏或接触不良，应更换。

步骤3 踩下制动踏板，并用踏板架定位，如图 4-51 所示。

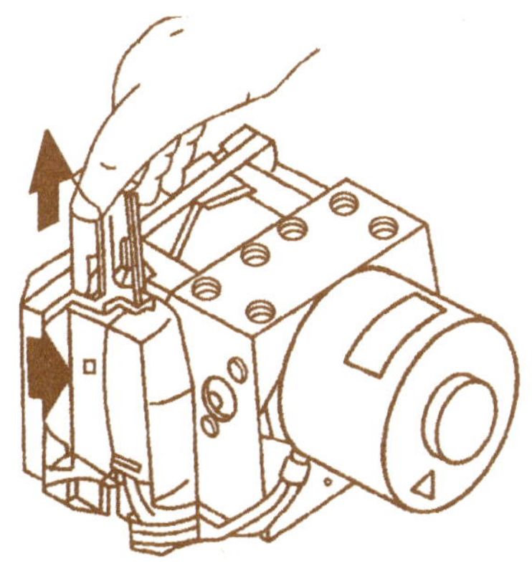

图 4-50 拔下 ABS 的 ECU 插头

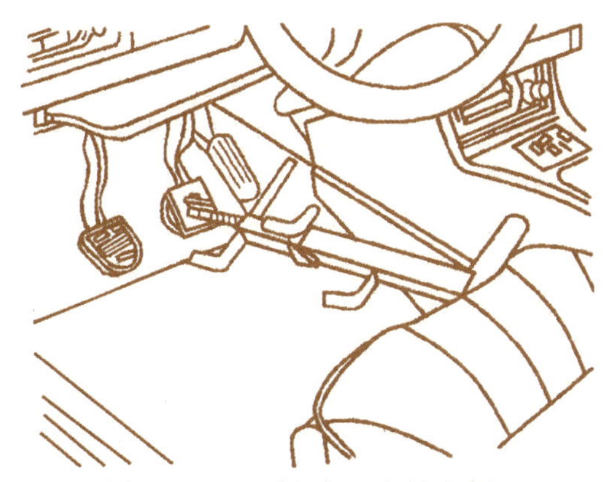

图 4-51 用踏板架固定制动踏板

步骤4 在 ABS 的 ECU 下垫一块抹布，吸干从开口处流出的制动液。

步骤5 拆下制动主缸到液控单元的制动油管 A 和 B，做好标记；然后，立即用密封塞将开口塞住，如图 4-52 所示。

步骤6 用扎带将制动油管 A 和 B 扎在一起，挂到高处，使开口处高于制动储液室的油平面。

步骤7 拆下液控单元通往各制动轮缸的油管，做好标记；然后，立即用密封塞将开口处塞住，如图 4-53 所示。

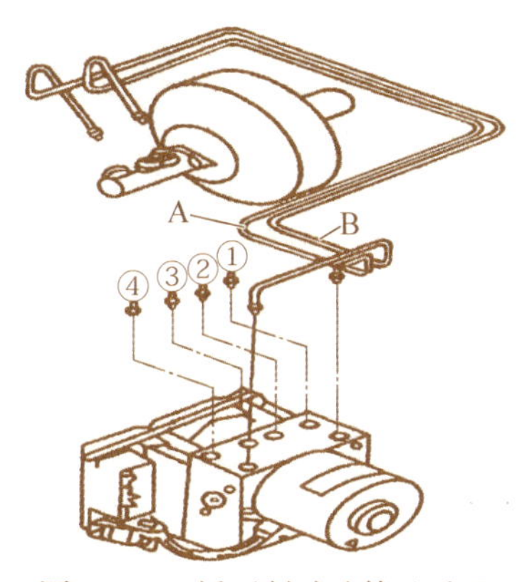

图 4-52 拆下制动油管 A 和 B

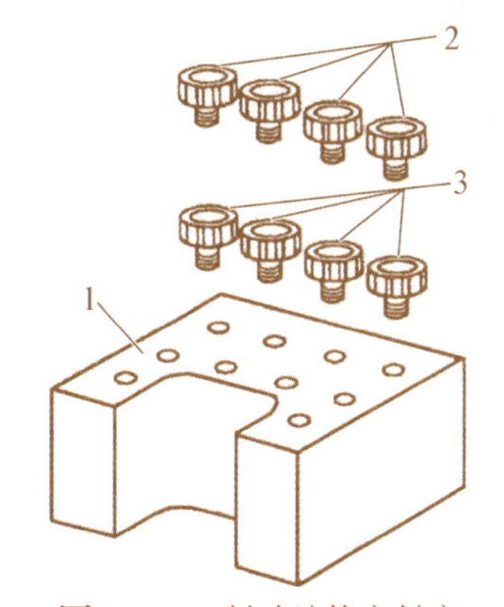

图 4-53 制动油管密封塞

步骤8 将 ABS 的 ECU 及制动压力调节器从支架上拆下来。

拆卸后,将制动液力调节器与 ECU 分离,分别检查。根据检查结果,若需更换,应换新件。

② 安装步骤:

步骤 1 将组装好的 ABS 的 ECU 和制动压力调节器安装到支架上,并以 10 N·m 的力矩拧紧固定螺栓。

步骤 2 拆下液压口处的密封塞,装上各轮制动油管,检查油管位置是否正确,以 15 N·m 的力矩拧紧管接头。

步骤 3 装上制动主缸到液控单元的制动油管 A 和 B。

步骤 4 插上 ECU 的线束插头。

步骤 5 给 ABS 加注制动液并排气。

步骤 6 安装蓄电池的负极接地线,然后,打开点火开关。

步骤 7 使用解码仪清除故障码,再次查询故障码。

(2) ABS 轮速传感器的更换　更换步骤:

步骤 1 松开并拆掉蓄电池上的接地线。

步骤 2 拔下轮速传感器上的线插头,如图 4 - 54 所示。

步骤 3 松开车轮转速传感器并撬出。

步骤 4 换装新的轮速传感器,如图 4 - 55 所示。

步骤 5 插上线束插接头。

步骤 6 安装蓄电池的负极接地线。

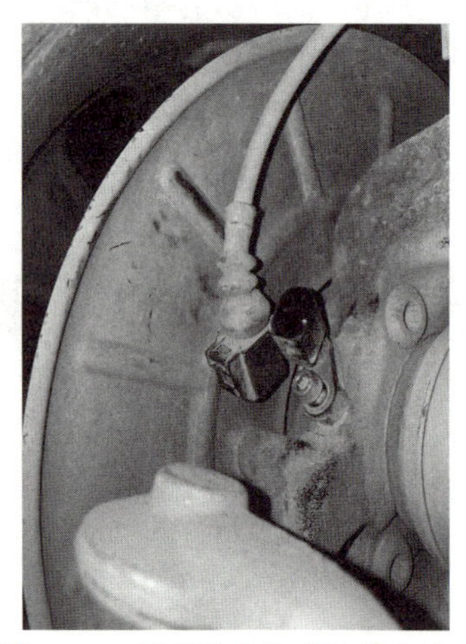

图 4 - 54　拔下轮速传感器线束插头

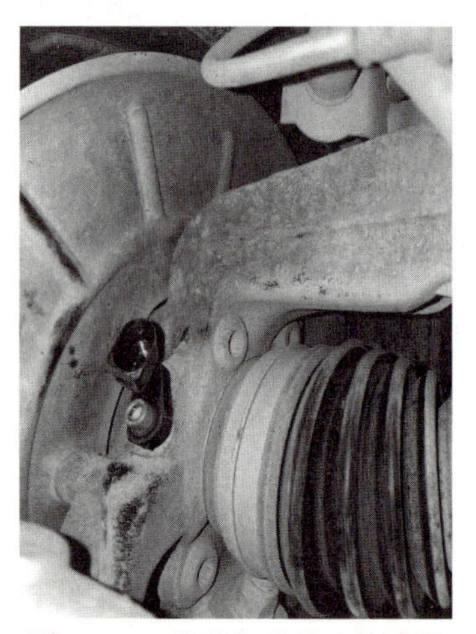

图 4 - 55　换装新的轮速传感器

思考题

1. 真空助力器检测的检测项目有哪些? 如何检测?
2. 盘式制动器有哪些检查项目? 如何检查?
3. 液压制动系管路排气如何操作?
4. ABS 防抱死制动的主要总成部件如何检查?

项目五

汽车底盘故障案例

项目情景

汽车底盘的作用是支撑、安装发动机及其各部件、总成，形成汽车的整体造型，并接收发动机的动力，通过各机构传递给驱动轮，使汽车正常行驶。一般来讲，汽车底盘由传动系统、行驶系统、转向系统和制动系统组成。如果把发动机比作汽车的心脏，那汽车底盘就相当于汽车的四肢。汽车底盘的好坏直接影响汽车的操控性、舒适性、安全性，以及动力输出的有效性等。

汽车底盘在使用过程中，有时存在"松散"的问题。实际上，底盘"松散"分两种情况：第一就是新车出厂时考虑到舒适性的问题，悬架系统调教的比较"软"，因而感觉底盘"松散"。另一种就是车辆使用的时间长了，在各种复杂路面使用，导致底盘各零部件磨损老化，尤其是衬套部位以及各衔接部位，在驾驶时就会有"松散"的感觉。

在汽车使用过程中，转向系统和制动系统对于行车的安全起着至关重要的作用，发现问题时应及时查找故障原因并予以排除，保证行车安全。

案例一　汽车制动系故障:ABS 警告灯突然亮

故障车辆基本信息

帕沙特 1.8T 车,累计行驶里程约为 43 219 km。

故障现象描述

车辆在行驶途中,ABS 警告灯突然发亮,闪烁 3 次后,驻车制动警告灯也会亮起并闪烁 3 次,接着出现报警声。之后,ABS 警告灯与驻车制动警告灯同时熄灭。

故障诊断与检测

1. 诊断前准备(5S 管理)

故障诊断仪 VAS 5052。

2. 使用故障诊断仪检测

ABS 控制单元内并无故障码存储,路试行驶至 6 km 时确实出现故障现象。

3. 故障分析

车辆进入维修站后检查时,发现发动机 ECU 和 ABS 控制单元都没有故障。如果是由于传感器或执行器损坏而导致 ABS 警告灯报警的,则系统内会有故障码。目前的故障情况一般有以下几种可能。

(1) ABS 控制单元的正极线(30 号线或 15 号线)接触不良而产生瞬间断电。

(2) ABS 控制单元的搭铁线接触不良。

(3) ABS 的数据线接触不良或仪表故障导致 ABS 工作不稳定。

根据上述分析,再次路试,并连接故障诊断仪检测 ABS 的工作电压。在行驶途中发现,ABS 的电压从 14.2 V 下降至 8.6 V 后,仪表上开始报警。

4. 诊断结果(故障认定)

查看 ABS 控制单元的连接电路图,如图 5-1 所示。由于 ABS 控制单元的负极线易于

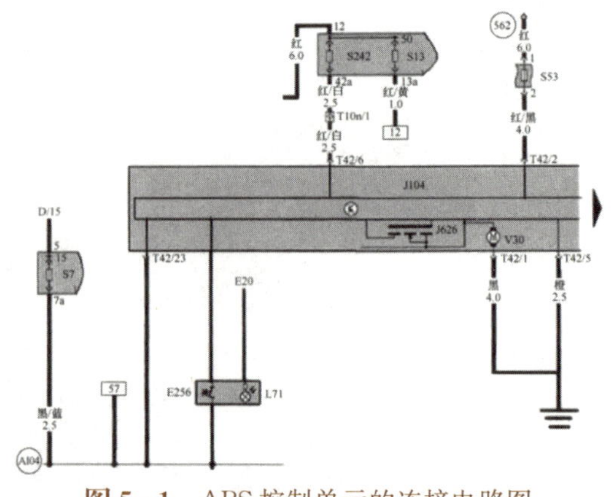

图 5-1　ABS 控制单元的连接电路图

检查，故首先检查 ABS 控制单元的搭铁线，发现该搭铁线松动，如图 5－2 所示。检查 ABS 控制单元的供电线及熔丝均正常，如图 5－3 所示，由此可见需先打磨搭铁线并紧固。

图 5－2　ABC 控制单元的搭铁线

图 5－3　检查 ABS 控制单元的供电线和熔丝

故障排除

（1）开发动机盖，卸下蓄电池负极线。常用工具准备，故障诊断仪 VAS 5052。

（2）将膨胀罐内的压力卸去后，卸下其固定螺钉，并固定好膨胀罐。

（3）拆下 ABS 的搭铁线，打磨，打磨其固定螺母和车身处的搭铁点。

（4）清洁搭铁点的周边，去除打磨下来的粉尘。

（5）固定搭铁线后，安装膨胀罐，使用规定力矩固定蓄电池负极线。重新设定仪表时间，收音机解码及一件升窗功能的匹配。

（6）查看 ABS 数据流，内电压显示为：蓄电池电压目前恢复正常。

（7）路试，行驶 50 公里未出现原故障现象，竣工交车，确定故障排除。

故障点评

该车故障属于偶发性故障。由于没有故障码导致故障不易排除。汽车维修人员要熟悉各系统的工作原理并分析，通过各种检测手段（如查看数流、测量波形等）锁定故障范围，从而将故障排除。

思考题

1. 该车 ABS 警告灯报警但无故障码的可能原因有哪些？
2. 怎样确定该车 ABS 警告灯报警是由于电压过低引起的？
3. 拆卸膨胀罐前先注意什么？

案例二　汽车空气悬架故障：底盘后部离地间隙小

故障车辆基本信息

别克林荫大道（PARK AVENUE），该车装备自动悬架系统 ELC（elctronic level

control，也称为水平控制系统)，通过气压调节减振支杆，使车辆在承受较大负载时能够自动调整后部的高度。

故障现象描述

尾部趴下去后起不来，导致底盘后部离地间隙很小，严重影响了车辆的通过性。

故障诊断与检测

1. 检查轮胎

未发现异常。仔细询问用户该车故障发生时的具体情况，用户反映，该车的故障是在底盘被颠过一下后突然出现的。根据这一线索，初步判定为充气管破裂或减振器气囊漏气。

2. 查看减振器

于是用举升器将车支起，查看气管与减振器的情况。减振器气囊表面完好，无漏气迹象，减振器也未漏油，看来与底盘被颠关系不大。

3. 故障分析

查阅自动悬架系统的相关资料可知：如果存在泄漏现象，在打开点火开关时，系统应该运行才对。检查压缩机及传感器线路的连接情况，未发现插头虚接的现象。由于自动悬架属于独立的系统，无法与检测仪建立通讯，因此也无法通过数据流或故障码来对其检测。

按照由浅入深的检查原则，先检查保险，发现靠近转向柱左下方仪表台上的12、17号保险均是好的。然后，拔掉压缩机总成线束插头，用万用表直接测量电机B、D脚的电阻为2.4 Ω。为了确认电机是否能够正常工作，用两根带保险的跨线，B脚接正极，D脚接负极，压缩机能够正常运转。由此可以判定问题出在系统其他部分。

用试灯检查插头B、D脚的供电及搭铁情况，D脚搭铁情况正常，但B脚火线无电。重新接好压缩机总成插头，拔下自动悬架系统的高度传感器(位于汽车后部车身与悬架之间)。用一根带保险的跨线一端接在高度传感器的B脚，另一端搭铁，压缩机还是不能运转。

用万用表测量压缩机一端B脚有12.34 V的电压。继续用跨线替代高度传感器，已经能够清晰地听到继电器的吸合声，看来线路上存在接触不良的地方。

拔掉副驾驶员侧仪表板右下方继电器中心的G号继电器，用一个试灯检查其插座上的1、5脚均有电，将灯接在1、2号脚之间，打开点火开关30～50 s后灯亮，情况均正常。若此时用跨线短接1、4脚，接好其他连接部分，压缩机恢复正常。

故障排除

由于判断该车的继电器有问题，所以用性能完好的继电器替换，听到压缩机发出了一串“嗒嗒……”的响声，车后部渐渐升了起来，自动悬架系统恢复正常。

思考题

1. 该车底盘后部离地间隙很小的可能原因有哪些？

案例三 故障分析:轩逸在 D 挡或 R 挡时车身异常抖动

故障车辆基本信息

一辆 2014 年生产的东风日产轩逸轿车,搭载 HR16 发动机,累计行驶里程约 6.4 万公里。

故障现象描述

车主反映,当车辆挡位置于 D 挡或 R 挡时,车身异常抖动。

故障诊断与检测

接车后起动发动机,组合仪表上无故障灯点亮,且发动机怠速运转平稳。踩下制动踏板,将换挡杆置于 D 挡或 R 挡后,车身抖动。观察组合仪表,发现发动机转速忽高忽低,转速在 750～1 000 r/min 之间变化。路试,车辆加速一切正常。

用故障检测仪检测,无相关故障代码存储;读取发动机数据流,发现只要踩下制动踏板,短期燃油修正就会突然变大,如图 5－4 所示,最高能达到 25%,说明混合气过稀,且空气流量会突然降至 1.6 g/s 左右。此时,发动机明显抖动。松开制动踏板,数据又恢复正常,如图 5－5 所示,发动机运转恢复平稳。

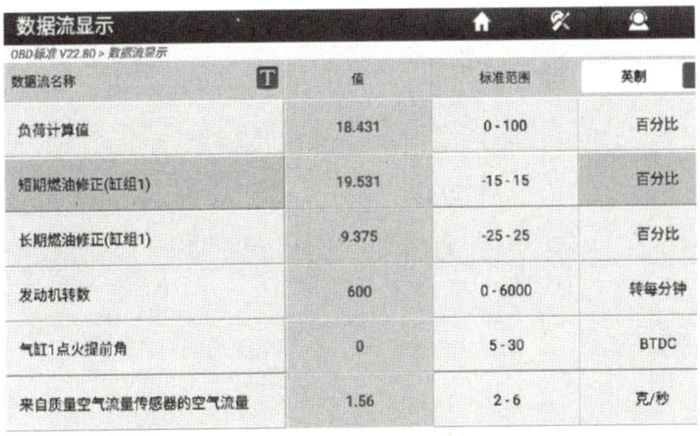

数据流显示

OBD标准 V22.80 > 数据流显示

数据流名称	值	标准范围	英制
负荷计算值	18.431	0 - 100	百分比
短期燃油修正(缸组1)	19.531	-15 - 15	百分比
长期燃油修正(缸组1)	9.375	-25 - 25	百分比
发动机转数	600	0 - 6000	转每分钟
气缸1点火提前角	0	5 - 30	BTDC
来自质量空气流量传感器的空气流量	1.56	2 - 6	克/秒

图 5－4 踩下制动踏板时的发动机数据流

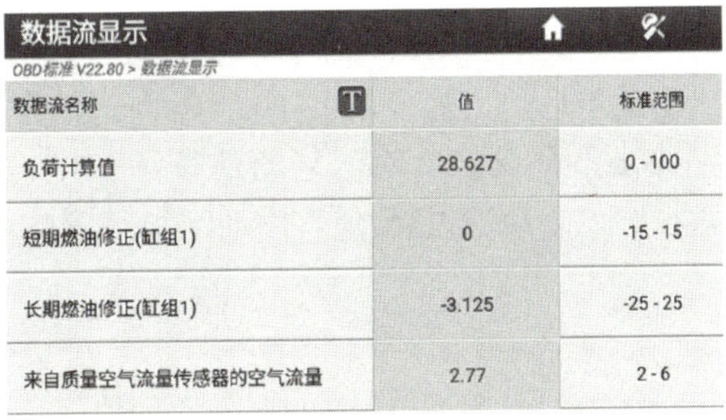

数据流显示

OBD标准 V22.80 > 数据流显示

数据流名称	值	标准范围
负荷计算值	28.627	0 - 100
短期燃油修正(缸组1)	0	-15 - 15
长期燃油修正(缸组1)	-3.125	-25 - 25
来自质量空气流量传感器的空气流量	2.77	2 - 6

图 5－5 松开制动踏板时的发动机数据流

进气量明显变小,混合气过稀,怀疑进气管泄露;而故障在踩下制动踏板时出现,怀疑制动助力真空管存在泄漏;但制动助力又没有明显异常,似乎故障与制动助力真空管路没有关系。

该车制动助力真空管路的单向阀在制动真空管上。拆下真空助力器上的真空管,连接三通阀和压力传感器,如图 5－6 所示,测量制动助力真空管中的压力。

图 5－6 连接三通阀和压力传感器

起动发动机，待制动助力真空建立后将发动机熄火；然后，踩下制动踏板，发现压力会直接从−718 mbar(1 mbar=0.1 kPa)降低至大气压力，如图 5-7 所示，即踩一次制动踏板，制动助力真空就会完全消失，异常。推断在踩下制动踏板时，真空制动助力器内部泄漏，使真空室与大气相通；而释放制动踏板后，真空制动助力器内部泄露消失，重新起动发动机后，制动助力真空又能重新建立。

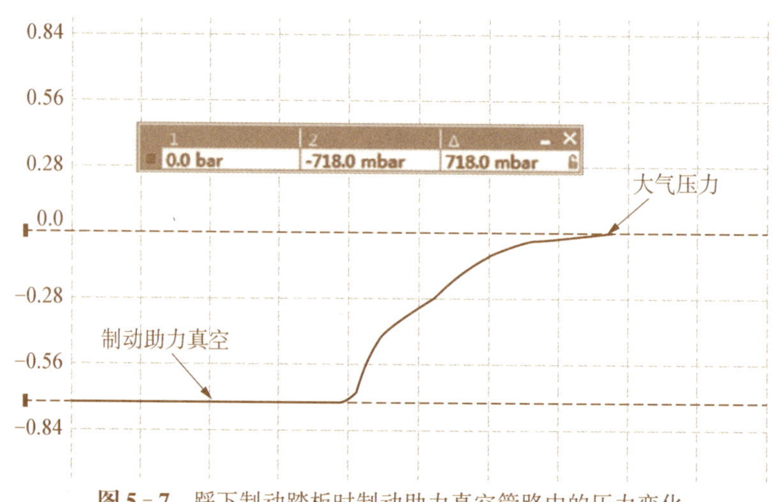

图 5-7 踩下制动踏板时制动助力真空管路中的压力变化

故障排除

更换真空制动助力器后，试车，将换挡杆置于 D 挡或 R 挡，车身异常抖动现象消失，再次测量制动助力真空管路中的压力，如图 5-8 所示。第一次踩下制动踏板，压力降至−470 mbar；第二次踩下制动踏板，压力降至−247 mbar，制动助力真空逐渐下降，恢复正常。踩下制动踏板后，随着制动踏板行程的改变，真空制动助力器内部出现泄漏，导致真空

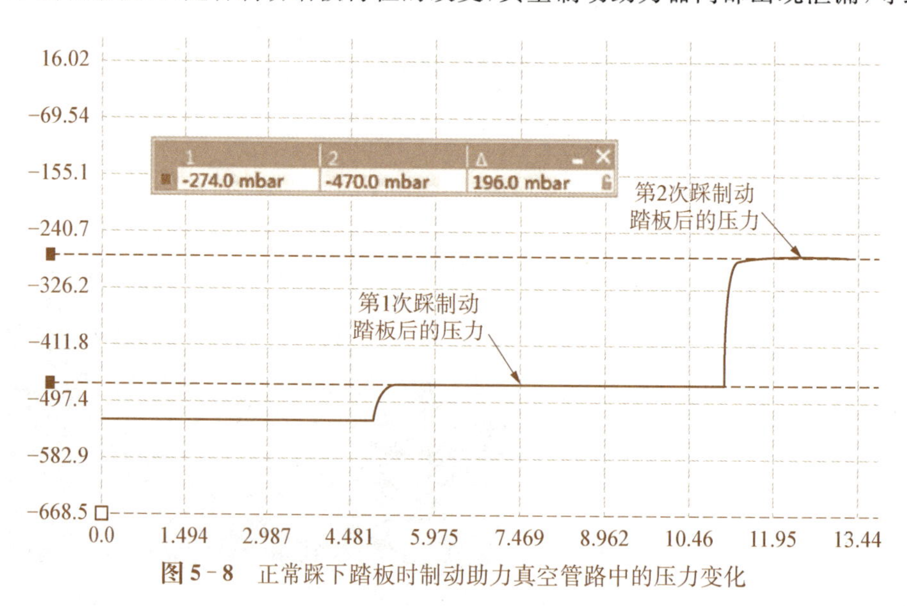

图 5-8 正常踩下踏板时制动助力真空管路中的压力变化

室与大气相通，空气通过制动助力真空管路被吸入进气歧管，导致混合气过稀，发动机工作不良，严重抖动。为了调节混合气浓度，发动机控制单元增大短时期燃油修正，同时减小节气门开度，使流经空气流量传感器的空气量降低。

故障点评

该故障属于隐蔽性故障。在读取故障码时，没有故障码，导致故障不易排除。汽车维修人员要熟悉各系统的工作原理并分析，通过各种检测手段（如查看数流，测量波形等）锁定故障范围，从而将故障排除。

思考题

1. 制动真空助力器应如何检测？
2. 如何更换制动真空助力器？

案例四　奔驰 GLS450 转向系统故障维修

故障车辆基本信息

一辆 2019 款 GLS450，累计行驶里程约 6 475 公里。

故障现象描述

车主反映，该车出现故障时，车辆仪表上提示转向系统故障，方向盘很难扳动，无法行驶。经检查，确实和车主描述状况一致，车辆仪表提示“转向故障，操作费力，参见用户手册”，如图 5－9 所示，同时，转向系统故障灯亮起。用手扳动方向盘时，车辆前轮可以跟着转向，但操作很费力，丝毫无转向助力的感觉，几乎无法正常转向。

图 5－9　仪表显示车辆故障信息

故障诊断与检测

将车辆升起，对车辆底盘和方向机进行外部检查。该车型方向机下方有一层护板保护，车辆方向机的机械部分目测未见变形和损坏，方向机上的插头也未见松脱等异常情况，前轮悬挂未见异常。当车轮离地时，转动方向盘可以轻松操纵车轮转向。初步排除转向机的机械部分、方向管柱和车辆悬挂有故障而导致的转向助力异常。

将车辆连上专用诊断仪，诊断，检测到信息如图 5-10 所示。在检测时，诊断仪所自动识别到的控制单元中，并没有显示转向系统的相关控制单元，只有在 ABA(主动式制动辅助系统)、ESP(电子车辆稳定行驶系统)和仪表等几个系统内“当前存在”有关于转向系统的故障码“与动力转向控制单元的通信存在故障，信息缺失”。这很可能是方向机控制单元(动力转向控制单元)无法与诊断系统和车辆通信，在控制单元视图中进入底盘转向系统，尝试与其通信，诊断仪上显示“无法建立与控制单元的通信，不能确定控制单元的型号”，如图 5-11 所示。显然，目前车辆的动力转向系统控制单元的通信确实存在故障，维修的方向基本锁定。

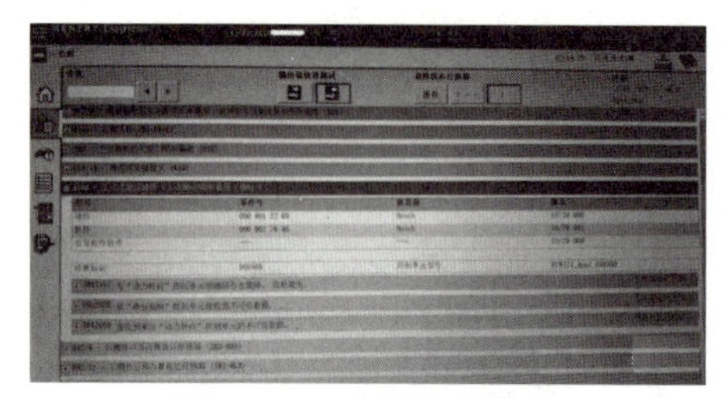
图 5-10 车辆诊断信息

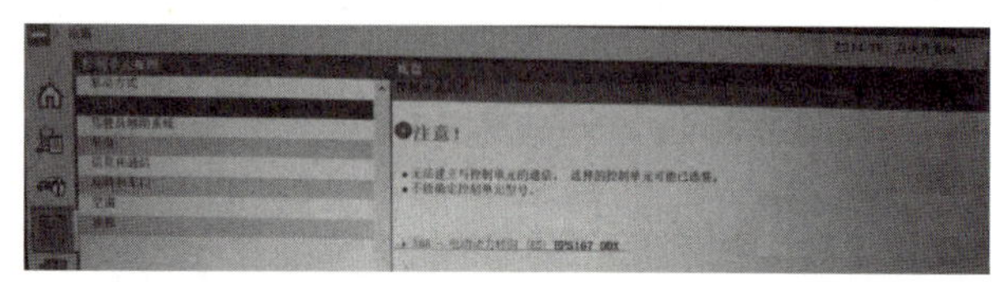
图 5-11 诊断故障提示

故障分析

经查询奔驰维修车间资料系统，查到转向系统相关的工作原理和线路图，了解到转向助力的工作原理。该车型的动力转向控制单元是集成在方向机上的，方向机上共有 3 个插头，1 号插头是主电源，也就是供电和负极接地，负责整个方向机的电源，这个也是动力转向控制电源的电源。电源正极(1 号脚)是来自发动机舱保险盒里的保险丝 f609-100A。2 号脚为电源负极的接地点，代号为 W2/6，在发动机舱左前靠近水箱框架的位置。

2 号插头是动力转向控制电源的通信线路，负责动力转向控制电源与车上的其他控制单元的通信，动力转向控制单元会根据这组通信线路获取车辆转向角度、转向速度和行驶速度等信号，从而提供合适的转向助力。

该车型的通信采用 FlexRay 通信模式，3 号插头是方向机本身的扭矩传感器通信线，功能是将方向机连接杆处的扭矩传感器信号传输到动力转向控制单元。

动力转向控制单元的线路图如图 5-12 所示。

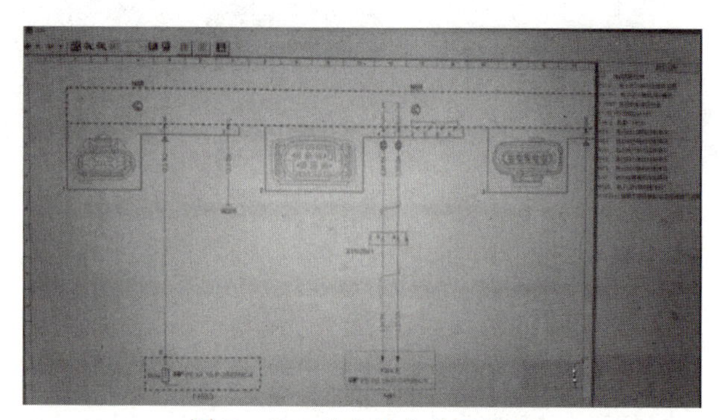
图 5-12 动力转向单元线路

故障排除

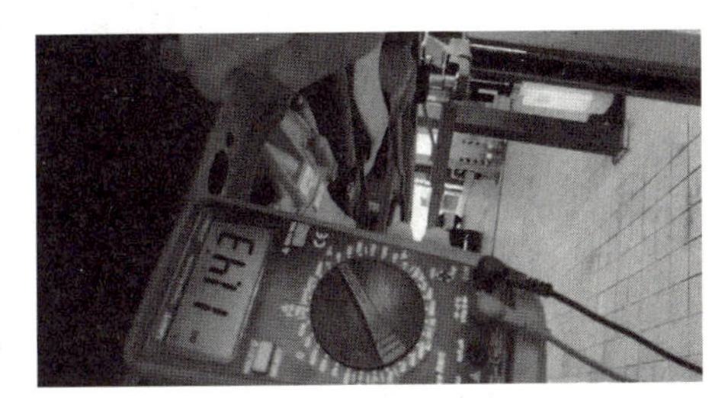

图 5-13　1 号插头检测电压

了解到系统的工作原理和各个线路的功能后，接下来开始测量线路。将万用表的两根表笔直接插入 1 号插头内，测得电压为 11.43 V，为蓄电池电压，电压在正常范围内，如图 5-13 所示。接着测量 2 号插头，分别测得两根线对地的电压为 2.46 V 和 2.52 V，也在标准范围内，线路都正常。但是控制单元不通信，初步确定为动力转向控制单元内部存在故障，导致动力转向控制单元的通信故障。

以为找到了故障点，将方向机上的各插头重新插接到位，车辆从举升机上放下。在重新打开点火开关再起动后，发现车辆的转向又恢复了正常，有了转向助力，转向轻便且正常，而且仪表上也未见故障灯和故障提示，一切又恢复了正常。

重新连上诊断仪，动力转向单元又可以正常通信，之前保存在仪表盘、主动式制动辅助和车辆稳定行驶系统内部的关于转向通信的故障码，已经由“当前”状态变成了“存储”状态，而且故障码可以删除。删除故障码，再次起动车辆重新测试后，车辆的各个系统内均未有关于转向系统的故障。

检测车辆转向系统相关的线路，电压在标准范围，电脑检测也未见相关故障码，与转向系统相关的机械部分也未见异常。

为了确认故障，经过 5 km 的试车，车辆行驶正常，转向正常，也未报任何相关的故障码和异常提示。这不仅让人怀疑是偶发故障？是方向机内部故障？还是软件可能存在故障？

带着这些问题，再次仔细检查动力转向系统的线路。先要排除方向机外围的故障，才能更换方向机或升级软件。在检查线路时，测量到故障状态时的电压。在检测 1 号插头时，测得 1 号插头上两根线的电压差为 3.23 V，如图 5-14 所示，明显不正常（正常应为蓄电池电压）；又测得 1 号插头内的 1 号脚对地电压为 11.4 V，1 号插头内的 2 号脚对地电压为 8.19 V，如图 5-15 所示。显然，负极接地线路的电压存在异常。在发动机舱左前靠近水箱框架的位置，找到了负极接地点 W2/6。经检查，接地点的固定螺丝松动，至此才找到了动力转向异常故障的真正原因。

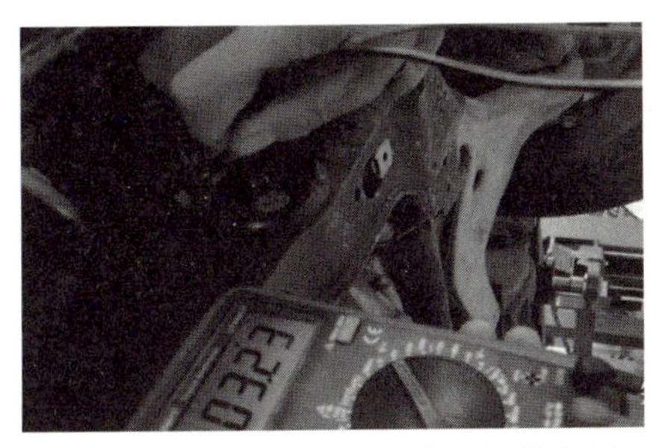

图 5-14　1 号插头两根线之间的电压

图 5-15　1 号插头 2 号脚对地电压

打磨负极接地点 W2/6 的线路，如图 5-16 所示。拧紧固定螺帽，重新连接诊断仪检测。删除故障码，经反复试车和检测，车辆再未出现转向系统的故障。

图 5-16 负极接地点 W2/6

故障点评

由于检查不够仔细，险些造成误判。在维修时，不仅要懂得各个部件的工作原理，还要有清晰的思路，需要仔细耐心的检查，才能避免错误判断。

思考题

1. 如何检测转向系统控制单元的通讯故障？
2. 方向机上的 3 个插头的线束分别是什么线束？

图书在版编目(CIP)数据

汽车动力系和行驶系维修实景教程/黄立新,樊荣建主编. —上海: 复旦大学出版社, 2024. 3
ISBN 978-7-309-17182-2

Ⅰ. ①汽… Ⅱ. ①黄… ②樊… Ⅲ. ①汽车-车辆修理-案例-职业教育-教材 Ⅳ. ①U472. 4

中国国家版本馆 CIP 数据核字(2024)第 015306 号

汽车动力系和行驶系维修实景教程
黄立新　樊荣建　主编
责任编辑/张志军

复旦大学出版社有限公司出版发行
上海市国权路 579 号　邮编: 200433
网址: fupnet@ fudanpress. com　http://www. fudanpress. com
门市零售: 86-21-65102580　团体订购: 86-21-65104505
出版部电话: 86-21-65642845
上海四维数字图文有限公司

开本 787 毫米×1092 毫米　1/16　印张 9　字数 219 千字
2024 年 3 月第 1 版第 1 次印刷

ISBN 978-7-309-17182-2/U · 33
定价: 45. 00 元

如有印装质量问题,请向复旦大学出版社有限公司出版部调换。
版权所有　侵权必究

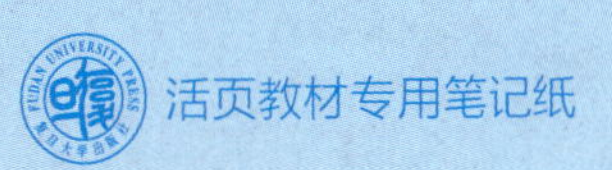

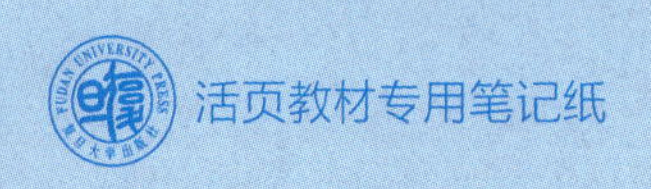

FUDAN UNIVERSITY PRESS
复旦大学出版社

FUDAN UNIVERSITY PRESS
复旦大学出版社

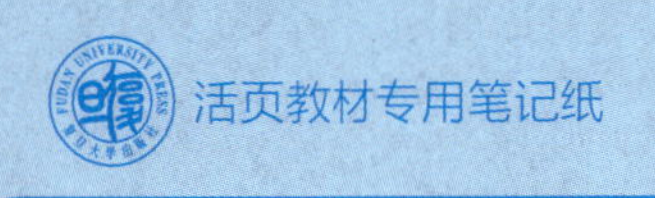

FUDAN UNIVERSITY PRESS
复旦大学出版社

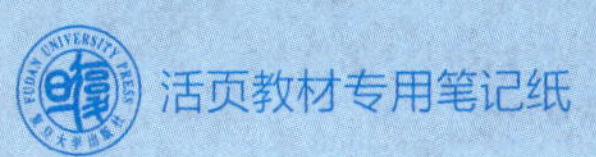

FUDAN UNIVERSITY PRESS
复旦大学出版社

FUDAN UNIVERSITY PRESS
复旦大学出版社

FUDAN UNIVERSITY PRESS
复旦大学出版社

FUDAN UNIVERSITY PRESS
复旦大学出版社

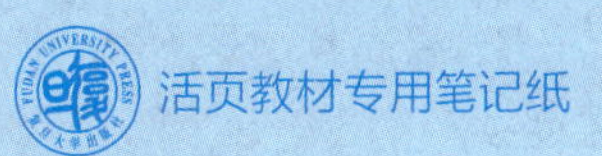

FUDAN UNIVERSITY PRESS
复旦大学出版社

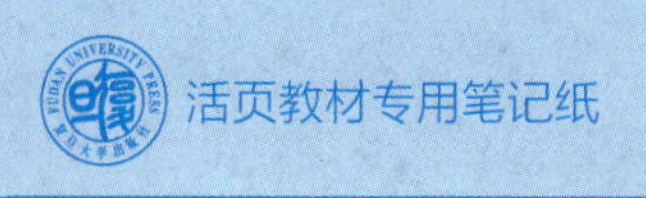

FUDAN UNIVERSITY PRESS
复旦大学出版社

FUDAN UNIVERSITY PRESS
复旦大学出版社